柔性支承立式转子系统动力学

王黎明　姜　磊　张小章／著

中国原子能出版社

图书在版编目（CIP）数据

柔性支承立式转子系统动力学 / 王黎明，姜磊，张小章著. — 北京 ：中国原子能出版社，2023.6

ISBN 978-7-5221-2782-8

Ⅰ. ①柔… Ⅱ. ①王… ②姜… ③张… Ⅲ. ①立式-转子动力学 Ⅳ. ①O347.6

中国国家版本馆 CIP 数据核字(2023)第111865号

柔性支承立式转子系统动力学

出版发行	中国原子能出版社（北京市海淀区阜成路 43 号　100048）
策划编辑	王　朋
责任编辑	胡晓彤
责任校对	冯莲凤
责任印制	赵　明
装帧设计	侯怡璇
印　　刷	北京厚诚则铭印刷科技有限公司
经　　销	全国新华书店
开　　本	787 mm×1092 mm　1/16
印　　张	8.5　　**字　　数**　212 千字
版　　次	2023 年 6 月第 1 版　2023 年 6 月第 1 次印刷
书　　号	ISBN 978-7-5221-2782-8　　**定　　价**　**98.00 元**

发行电话：010-68452845

总 序

当今世界正经历着百年未有之大变局，我国发展面临的国内外环境发生深刻复杂的变化，我国“十四五”时期以及更长时期的发展对加快科技创新提出了更为迫切的要求。加快科技创新是推动高质量发展的需要，是实现人民高品质生活的需要，是构建新发展格局的需要，是顺利开启全面建设社会主义现代化国家新征程的需要。现在，我国社会发展比过去任何时候都更加需要增强科技创新这个第一动力。党的十九届五中全会强调要坚持创新发展在我国现代化建设全局中的核心地位，并对强化国家战略科技力量、提升企业创新能力、激发人才创造活力、完善科技创新体制机制等作出重要部署。

核工业是高科技战略产业，是国家安全重要基石，肩负着国防建设和经济发展的双重使命。在我国核工业创建60周年之际，习近平总书记作出重要指示，对我国核工业取得的成就给予充分肯定，同时为新形势下我国核工业发展指明了方向：“要坚持安全发展、创新发展，坚持和平利用核能，全面提升核工业的核心竞争力，续写我国核工业新的辉煌篇章。”

作为我国核工业的主体、核能开发利用的中坚、核技术应用的骨干，中国核工业集团有限公司全面启动实施“创新2030”工程，推出一批科技创新重大举措，部署了一批重大科技攻关项目。通过自主创新与引进消化吸收再创新相结合，自主研发了具有完全自主知识产权的第三代百万千瓦级核电技术——“华龙一号”，成功研发了多用途模块式小型反应堆、“燕龙”泳池式低温供热堆等多种堆型和中国环流器二号M装置。核燃料循环各环节技术水平实现跨越发展，二氧化碳+氧气地浸采铀、离心法铀浓缩、先进核燃料研制等一大批关键技术相继突破。核技术应用取得重大进展，230 MeV 质子治疗加速器完成总装，10 MeV/50 kW 大功率辐照加速器完成研制，首批国产医用伽玛刀源研制成功。与此同时，中核集团高度重视高层次专业技术人才队伍建设工作，建立了首席专家、科技带头人制度，形成覆盖核工业全产业链各专业领域的科技创新人才的培养机制。在重大科研项目攻关过程中，首席专家及其团队发挥了中流砥柱的作用。

与世界核强国相比，我们在很多方面还存在一定的差距。当前我国核工业正处于由大到强到优的重要时期，责任重大、使命光荣。核领域门槛高、专业技术强、行业划分细，新时代核工业的创新发展、高质量发展需要更多的优秀科技人才，而优秀科技人才的培养离不开高水平的专业出版物。为了促进我国核科技成果的积累和传承，推动我国核科技工业自主创新和核领域高端人才培养，主要为中核集团、核行业乃至国家发展提供智力支撑的中核战略规划研究总院有限公司，组织策划出版《核工业首席专家科技丛书》，该系列丛书由核工业各专业领域的首席专家及其团队在多年研究成果的基础上总结提炼形成，是一套集创新性、系统性和时代性于一体的学术专著，可以系统全面地反映我国核工业科技创新发展的最新成就。相信该套丛书的出版，可为新时代强化我国国家战略核科技力量、提升核工业科技创新能力、加强核领域人才队伍建设、促进我国核能产业实现高质量发展作出贡献。

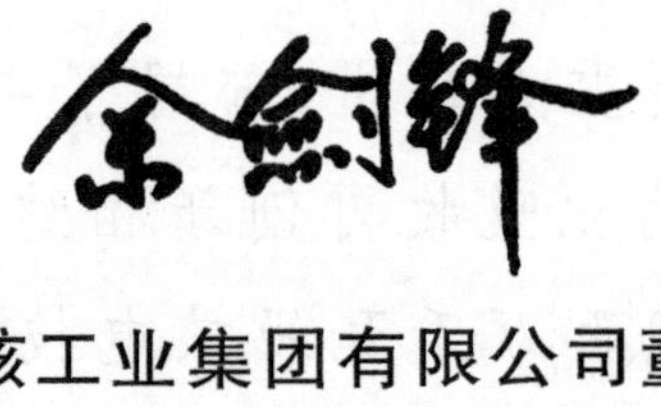

中国核工业集团有限公司董事长

2021 年 1 月 8 日

绪论

当今社会，形式多样的高速旋转机械在核能应用、航空航天、交通运输和机械工程等领域已得到广泛应用。随着现代科技水平的日益提高，人们对这些高速旋转机械的性能及功能的要求也越来越高。转子动力学分析早已成为贯穿这类机械产品设计、制造、试验和应用等各项工作的重要研究内容。

为了更好地对转子高速运行状态下的“自动对中”效应加以利用，人们专门设计出采用柔性支承方案的立式转子-支承系统。在这种系统中，转子自身的刚性远高于轴承约束的刚性。该类转子动力学分析问题涉及的内容更为全面，涉及的分析任务要求也更高，例如，在进行转子的稳定性分析时，不仅需要利用“稳定性”“有界性”等概念对运行转速下的稳定性进行定性判断，还须在全转速范围内保证转子运转稳定性，这通常需要对表征转子稳定性的“模态阻尼比”等指标进行较为准确的定量计算，从而确保转子-支承系统具有足够的稳定性裕度。

总体而言，柔性支承转子系统动力学的核心研究任务主要包含以下五个方面。

(1) 临界转速分析与设计：对转子的各阶临界转速进行全面分析计算，通过合理的参数设计确保转子能够安全跨越低于工作转速的各阶临界转速，保证转子的工作转速与各阶临界转速保持有足够的安全“距离”，从而确保机器的振动处于安全范围；

(2) 稳定性分析与设计：通过转子-支承参数匹配及阻尼器设计，确保转子在全转速范围内有较好的运行稳定性，不允许出现低频或高频模态进动；

(3) 瞬态动力学响应分析：对转子启动、升速、跨越临界转速等过程进行瞬态动力学响应分析，需要以抑制转子振动幅值、保证转子安全稳定运行为目标，提出转子失衡量指标控制要求，完成转子不平衡质量等相关参数设计；

(4) 抗震、抗冲性能分析与设计：通过合理设计转子系统的结构及性能参数，确保其对于地震、强机械冲击具有足够的耐受能力，并结合设置限位装置、碰摩装置等，使系统在干扰结束之后能够在较短时间之内恢复到稳定运行状态，即保证转子-支承系统具有一定的抗震、抗冲击能力；

(5) 系统参数优化设计：通过对研制过程中出现的与振动、强度和可靠性等相关问题进行动力学机理分析，提出系统参数优化方向并给出较优的动力学参数匹配设计结果。

随着机械工程领域的快速发展，我国在转子动力学理论、设计和试验等方面已经取得了长足进步，在上述五项主要任务的研究方面也积累了丰富的经验。已经成功探索并掌握了适用于转子动力学分析及相关参数设计的多种理论模型和计算方法，这些理论模型和计算方法在工程实践中不断地被使用，也不断地被检验。

为全面地总结目前柔性支承转子动力学分析技术进展，同时满足从事高速旋转机械设计工作的技术人员以及相关专业研究生的参考资料需要，作者编写了本书籍。

本书在编写过程中，力求全面地覆盖上面已经提到的五大主要研究任务。另外，为了便于读者理解和掌握本书理论模型和求解方法，本书在尽量做到详细、具体地给出理论模型推导与计算过程的基础上，进一步从以下两个方面进行了努力：一是在开篇章节对柔性支承转子动力学研究涉及的基本理论进行了介绍，阐释了转子动力学分析过程中可能会涉及的一些基本概念、典型分析方法等，力求帮助读者更好地认识与理解涉及的基础理论；二是本书中涉及的算例尽量全面地涉及刚性转子和柔性转子两类系统，以期读者对不同类型转子的动力学分析技术应用有更加直观、全面的理解。

本书共九个章节，各章节内容安排如下：

第1章为理论基础。由于转子动力学是一个综合性学科，该章节中的理论基础涉及多个学科的知识内容，主要介绍转子动力学分析时所必备的振动理论、理论力学、分析力学和固体力学等学科中涉及的基本概念。

第2章为转子动力学中的基本概念。针对柔性支承立式转子动力学分析问题，将涉及的重要基本概念、典型分析方法进行集中介绍，以期读者对于该类转子的动力学有一个基本的认识和理解。

第3章为基于集中参数模型的转子动力学分析方法。基于拉格朗日方程的集中参数方法是目前进行转子动力学分析采用的最简洁、最高效的理论模型之一，该模型能够帮助读者快速地建立起转子动力学分析的框架性认识。该章节分别以刚性和柔性转子为研究对象，分别介绍以拉格朗日方程、集中参数简化模型为基础，采用数值方法进行转子动力学分析的详细流程。

第4章为基于有限元模型的转子动力学分析方法。有限元分析技术是机械工程领域最多采用的分析手段之一，该技术在转子动力学分析中同样发挥了重要作用。相比集中参数方法，有限元方法计算模型的精细度更高、更加接近实际转子结构。该章节重点以ANSYS有限元分析技术为例，具体介绍采用有限元分析技术进行转子动力学分析的具体流程。

第5章为转子动力学优化设计方法。转子动力学参数优化设计工作是高速旋转机械设计面临的永恒话题。该章节介绍了转子-支承系统参数优化设计的典型方法和流程，重点以粒子群智能优化算法为例，详细展示转子动力学参数优化计算的典型流程和实施方法，并具体涵盖了刚性和柔性两种转子的参数优化算例。

第6章为转子典型的不稳定因素分析。转子在运行过程中不可避免地面临结构阻尼、材料内阻尼等为代表的多种失稳因素。该章节对某些典型因素导致转子运动失稳的现象和机理进行了介绍，并以材料内阻尼导致柔性支承立式柔性转子失稳为例，具体地展示了连接部内阻尼导致系统稳定性破坏的机理。

第7章为立式粘性油阻尼器。介绍了一种常用的阻尼器，详细阐述了阻尼器的动力学原理。

第8章为转子系统非线性动力学问题的专门例子，是关于转子与定子碰摩问题的分析，介绍了非线性动力学问题的分析流程。

第9章介绍转子系统振动测量、转子平衡和模态测量，这在转子系统研制过程中是重要的机电试验环节。

目　录

第1章 理论基础

1.1 引言

转子动力学是一个综合性学科，其中涉及振动理论、分析力学、理论力学等多个学科的诸多基本概念与知识。为了帮助读者更好地理解本书涉及的基本概念，更为方便地阅读与学习后续章节内容，本章较为系统地梳理了转子动力学涉及的部分基本理论，并对转子动力学涉及的一些常用基本概念进行集中阐释。

1.2 机械振动理论基础

1.2.1 振动的类型

振动的主要类型如下：

自由振动和受迫振动：系统受到初始扰动的激发所产生的振动为自由振动，其特点是系统外界没有能量交换。系统在外力持续作用下的振动为受迫振动。在机械工程领域，机械设备的振动多以受迫振动为主，即使转子在不受外界干扰及强迫力的作用下，其自身的不平衡质量也会由于转子自身的转动而产生离心力，进而导致转子做受迫振动。

线性振动和非线性振动：如果一个系统中的所有振动元件的动力学行为均遵循线性规律，那么这个系统的振动为线性振动。反之则为非线性振动。在机械工程领域，理想的线性振动实际上是并不存在的，但在大多数情况下，对于那些振动幅值很小的振动，采用线性化假设造成的误差通常是可以接受的，这种线性化的处理方式将为问题分析带来诸多便利。在后文中将看到，在高速旋转机械的振动问题分析过程中，多采用线性化假设以降低问题的复杂度。

确定性振动与随机振动：确定性振动就在任意给定时间都是确定的，即可以用确定的数学关系式来描述激励与系统的响应。但是在多数情况下激励是不确定或者随机的，典型案例如地震，此时激励与系统之间无法用确定的关系式来描述，此时称系统的响应为随机振动。

有阻尼振动与无阻尼振动：系统振动能量有损耗的振动为有阻尼振动，阻尼来源的类型多种多样，摩擦、材料粘弹性、液体粘性等均是振动阻尼的来源。如果系统在振动过程中不存在任何阻尼因素，系统振动能量将维持不变，则系统的振动为无阻尼振动。在机械工程领域，理想的无阻尼振动并不存在。对于高速旋转机械而言，为了保证转子运行的稳定性，更是需要专门设置阻尼装置，通过吸收转子的振动能量达到抑制振动的目的。

1.2.2 机械振动中的几个基本概念

振动幅值：振动物体在振动过程中，偏离平衡位置的最大距离为振动幅值，简称振幅。

振动频率：一秒内物体完成的振动循环的次数称为振动频率，单位为赫兹（Hz）。

固有频率：物体或者系统在做自由振动时，其位移随时间按正弦或余弦规律变化，该振动频率称为固有频率。固有频率与初始条件无关，而仅与物体或系统的固有特性有关(如质量、形状等)。特别地，对于无阻尼多自由度线性系统在做自由振动时，单频率振动成分称为主振动，主振动频率称为固有频率。固有频率只取决于系统本身的固有特性，与外界因素无关。在主振动中，系统中的每个点均以相同的频率做简谐振动，N 个自由度的无阻尼系统中有 N 种主振动，即有 N 个固有频率。

激励与响应：外界对于机械系统的干扰作用称为激励。系统在受到外界激励之后的反应称为系统响应。

系统共振：外界激励频率与系统的某阶固有频率相同时，系统将产生共振。对于一个无阻尼系统，在发生共振后，系统的振动能量将不断增强，相应地振幅将不断增长。

系统拍振：当两个同方向频率接近的简谐振动叠加时，会产生周期性幅值忽高忽低的现象，此时的振动称为拍振。对于一个机械系统而言，当外界激励力的频率与系统的某阶固有频率接近时，将出现拍振现象。

减振与隔振：消除或限制振动是机械工程领域的永恒话题。在实际工程领域中，通常采用的减振和隔振措施主要有：减小或消除振动激励源、远离振动激励源、提高机械本身的抗振能力、通过合理设计尽可能增大工作频率与系统固有频率之间的距离、适当地设置外阻尼装置等各类减振和隔振装置。

1.3 分析力学基础

1.3.1 几个基本概念

(1) 完整约束和非完整约束

如果约束方程中不包含坐标对时间的导数，即约束只限制质点系中各个质点的几何位置，而不限制其速度，或者微分项可积分为有限形式，这种约束称为完整约束或者集合约束。

如果约束方程中包含坐标对时间的导数，即约束还限制各个质点的运动速度，并且微分项不可积分为有限形式，这种情况的约束被称为非完整约束或者运动约束。

完整约束的一般表达式：

$$f_i(x_1, y_1, z_1, \cdots, x_n, y_n, z_n; t) = 0 \quad (i = 1, 2, 3, \cdots, p) \tag{1-1}$$

非完整约束的一般表达式：

$$f_i(x_1, y_1, z_1, \cdots, x_n, y_n, z_n; \dot{x}_1, \dot{y}_1, \dot{z}_1, \cdots, \dot{x}_n, \dot{y}_n, \dot{z}_n; t) = 0 \quad (i = 1, 2, 3, \cdots, p) \tag{1-2}$$

（2）广义坐标

广义坐标最早是由拉格朗日提出，这个概念的提出对于分析力学的发展有着深刻的影响。为了描述系统在空间中的位置和形状，必须用到坐标。在数学和物理学的各个分支中，坐标的名称有所不同。在力学中，通常用来确定一个集合实体在空间位形所需要的独立参数或者最少参数称为广义坐标。采用广义坐标是描述系统位形的一种方法，对于一个包含有 N 个质点且质点总共受到 r 个完整约束的系统而言，与采用 $3N$ 个笛卡尔坐标描述的系统相比，采用广义坐标摆脱了坐标数目多的问题，并规避了 r 个约束导致各个坐标不完全独立而带来的计算困难。

（3）自由度

对于完整系统，确定质点系统位形的广义坐标的数目，称为该系统的自由度数目，简称自由度。它的力学意义在于，系统的位形允许有与广义坐标数目相同的、互相独立的无限小变化。如果系统中 N 个质点受到 r 个完整约束的情况，自由度数可表达为（$3N-r$）。对于一个完整系统而言，自由度的数目与独立坐标的数目是相等的。

（4）虚位移和虚功

质点或系统在力的作用下产生的真实运动位移称为实位移。在给定的瞬时和位置上，质点或系统符合所有约束所允许的无限小位移，称为此质点或系统的虚位移。作用于质点上的力在该质点的虚位移中所做的元功称为虚功，通常用 δW 来表示，其表达式为：

$$\delta W = F \cdot \delta r \tag{1-3}$$

这里，δr 为虚位移，F 为作用在虚位移 δr 上的力。

（5）广义力

质点系中各个质点的位置可以表示为广义坐标 q_1，q_2，…，q_k 的函数，相应的虚位移可以表示为：

$$\delta r_i = \frac{\partial r_i}{\partial q_1}\delta q_1 + \frac{\partial r_i}{\partial q_2}\delta q_2 + \cdots + \frac{\partial r_i}{\partial q_k}\delta q_k \tag{1-4}$$

质点系的虚功方程表达式如下：

$$\sum_{h=1}^{k}\left(\sum_{i=1}^{n} F_i \cdot \frac{\partial r_i}{\partial q_h}\right)\delta q_h = 0 \tag{1-5}$$

令

$$F_{Qh} = \sum_{i=1}^{n} F_i \cdot \frac{\partial r_i}{\partial q_h} \tag{1-6}$$

并将其称为作用在质点系上的主动力对应于广义坐标 q_h 的广义力。在分析力学中，广义力的计算方法有多种，常用的包括解析法、几何法两种，详细的计算流程可以参考分析力学相关教材。

1.3.2 常用分析方法

(1) 达朗贝尔原理

法国科学家 J. le Rond D'Alembert 提出，非自由质点系的动力学方程可以用静力学平衡方程的形式来表达。这种处理动力学问题的方法，在实际工程领域中已经得到了广泛应用。

假设对于一个由 n 个质点组成的质点系，作用于第 i 个质点（质量为 m_i）上的主动力和约束力分别用 F_i 和 F_{Ni} 来表示，在任一瞬间，记其加速度为 a_i。

如果在此质点上加上一个惯性力：

$$F_{Ii} = -m_i a_i \tag{1-7}$$

则在此瞬间，作用于此质点上的各个力恰好组成一组平衡力系：

$$F_i + F_{Ni} + F_{Ii} = 0 \tag{1-8}$$

对于上述质点系中的所有质点均可做上述处理。这就是质点系的达朗贝尔原理。

(2) 第二类拉格朗日方程

第二类拉格朗日方程是分析力学中最重要的动力学方程，也是转子动力学分析最常用的方程。

该方程给出了动力学规律的一个普遍、简单而又统一的刻画方法。尤其是对于复杂系统而言，用该方程来建立系统的运动微分方程（组）具有显著优越性。需要注意的是拉格朗日方程适用于完整约束的质点系。

第二类拉格朗日方程的表达式如下：

$$\frac{\mathrm{d}}{\mathrm{d}t}\left(\frac{\partial T}{\partial \dot{q}_j}\right) - \frac{\partial T}{\partial q_j} + \frac{\partial U}{\partial q_j} - Q_j = 0 \quad (j = 1,\ 2,\ \cdots,\ n) \tag{1-9}$$

式中：n——系统自由度数目；

q_j——第 j 个广义坐标；

U——系统的总势能表达式；

T——系统的总动能表达式；

Q_j——第 j 个广义坐标对应的广义力，不包括弹性回复力。

由于转子-支承系统中必须通过设置阻尼器等部件的方式来耗散转子的有害振动能量，从而确保转子系统的运行稳定性。通常将阻尼器、转子内阻尼等产生的耗散力从广义力中剥离，在方程中增加一个耗散能项，这种处理方式将为转子-支承系统的运动微分方程的建立提供便利。

按照上述做法，重新整理第二类拉格朗日方程，得到包括耗散能项的表达式如下：

$$\frac{\mathrm{d}}{\mathrm{d}t}\left(\frac{\partial T}{\partial \dot{q}_j}\right) - \frac{\partial T}{\partial q_j} + \frac{\partial U}{\partial q_j} + \frac{\partial Z}{\partial \dot{q}_j} = Q_j \quad (j = 1,\ 2,\ \cdots,\ n) \tag{1-10}$$

这里，Z 为系统的耗散能表达式，可以表达为与阻尼系数直接相关的表达式。例如，如果系统中包含一个等效粘性阻尼系数为 c 的阻尼器，而阻尼器对应的广义坐标为 q_i，则系统的耗散能表达式如下：

$$Z = \frac{1}{2} c \dot{q}_i^{\ 2} \tag{1-11}$$

第 2 章　转子动力学中的基本概念

2.1　单圆盘与弹性细轴组成的系统

相对于非旋转部件的振动问题，转子动力学所描述的运动要更加复杂。为了从易到难地介绍立式转子系统的动力学基础，我们首先将介绍最简单的转子系统的运动，而这一简单的转子系统模型同样可以解释很多重要的现象。

考虑一个刚性圆盘（转子），一根弹性细轴穿过圆盘的几何中心（形心）并与圆盘平面垂直，圆盘对称地装于细轴中间。在此，我们忽略细轴的质量，重点关注圆盘质量旋转引起的效应。因此，细轴只提供弹性恢复力，两边细轴的弹性系数都为 k。

假定这样一个简单的转子系统垂直安装（见图 2-1），因而不考虑重力对于转子运动的影响，细轴的上下两端固定，无法横向位移，只可以使细轴旋转。这样构成的转子与支承一起我们称之为简单轴盘系统，也称为 Jeffcott 转子（或 De Lavel 转子）。

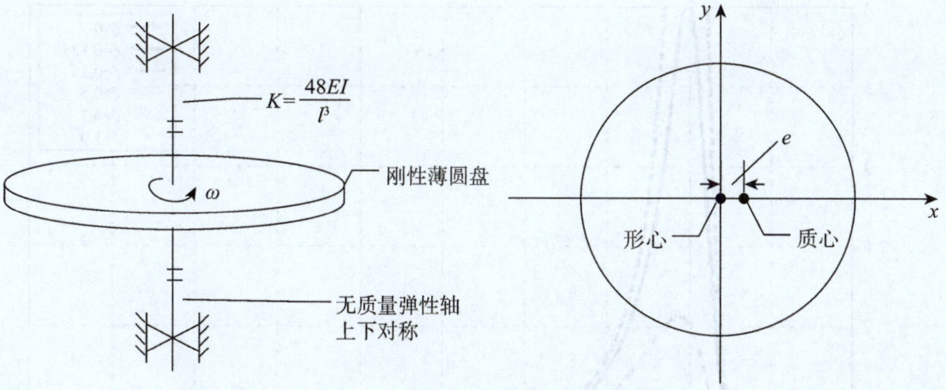

图 2-1　简单轴盘转子（Jefffcot）模型

使转子以一定的角速度 ω 围绕自己的形心旋转，称为自转。

对于真实的圆盘，其形心和质心难以做到重合，假设形心和质心的微小距离为 e（偏心距）。当圆盘以角速度位 ω 自转时就产生一个对于形心为 $em\omega^2$ 的离心力，其中 m 是圆盘的质量。

对形心，当它偏离坐标原点 o 时，设其位置是（x，y），则细轴所对应的弹性回复恢复力分别为 k_x 和 k_y；假定 $t=0$ 时刻质心 C 位于 x 轴，则离心力在 x 和 y 轴的分量分别为：$em\omega^2\cos\omega t$ 和 $em\omega^2\sin\omega t$，于是得到下列方程：

$$\begin{aligned} m\ddot{x} + c\dot{x} + kx &= em\omega^2\cos\omega t \\ m\ddot{y} + c\dot{y} + ky &= em\omega^2\sin\omega t \end{aligned} \tag{2-1}$$

整理为无量纲形式：

$$\begin{aligned} \ddot{x} + 2\xi p\dot{x} + p^2x &= e\omega^2\cos\omega t \\ \ddot{y} + 2\xi p\dot{y} + p^2y &= e\omega^2\sin\omega t \end{aligned} \tag{2-2}$$

其中：$p = \sqrt{\dfrac{k}{m}}$ 为固有角频率，对应的固有频率 $f = \dfrac{p}{2\pi}$；$\xi = \dfrac{c}{2\sqrt{km}}$ 是相对阻尼系数。

关于这一方程组的完整解我们暂时不论述，这里只看其稳态解。令：

$$\begin{aligned} x &= X\cos(\omega t - \theta) \\ y &= \bar{Y}\sin(\omega t - \theta) \end{aligned} \tag{2-3}$$

把上式代入（2.2）求解得到：

$$\begin{aligned} X = Y &= \frac{e\omega^2}{\sqrt{(p^2 - \omega^2)^2 + (2\xi p\omega)^2}} \\ \theta &= \mathrm{tg}^{-1}\frac{2\xi p\omega}{p^2 - \omega^2} \end{aligned} \tag{2-4}$$

这里我们假设问题是对称的，即 $X = Y$，那么形心轨迹就是一半径为 $r = \sqrt{x^2 + y^2} = \text{constant}$ 的圆。由式（2-4）关于振幅和相位差角的求解结果，我们可以画出转子的幅频响应曲线和相频响应曲线，见图 2-2 和图 2-3。

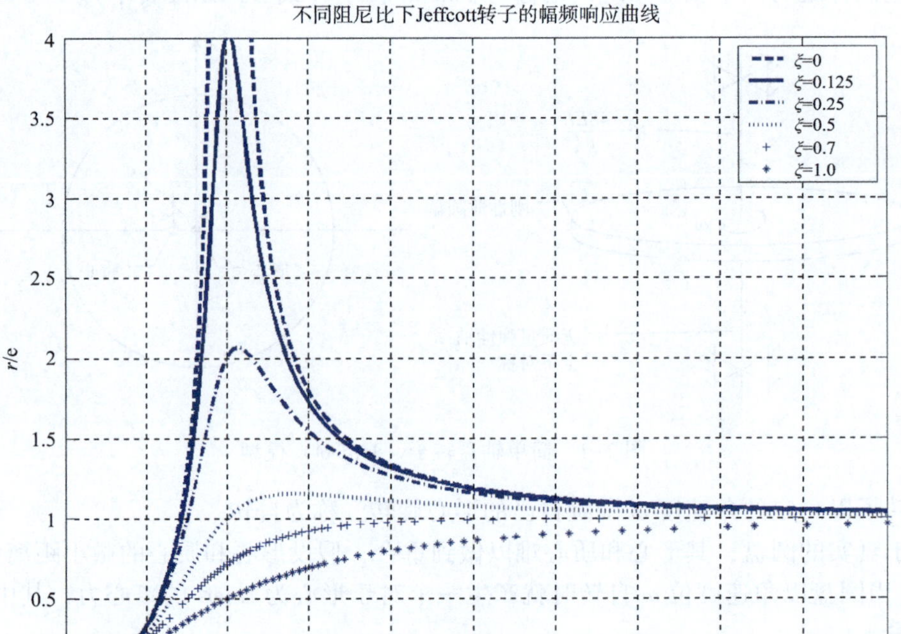

图 2-2　简单轴盘系统的幅频响应曲线

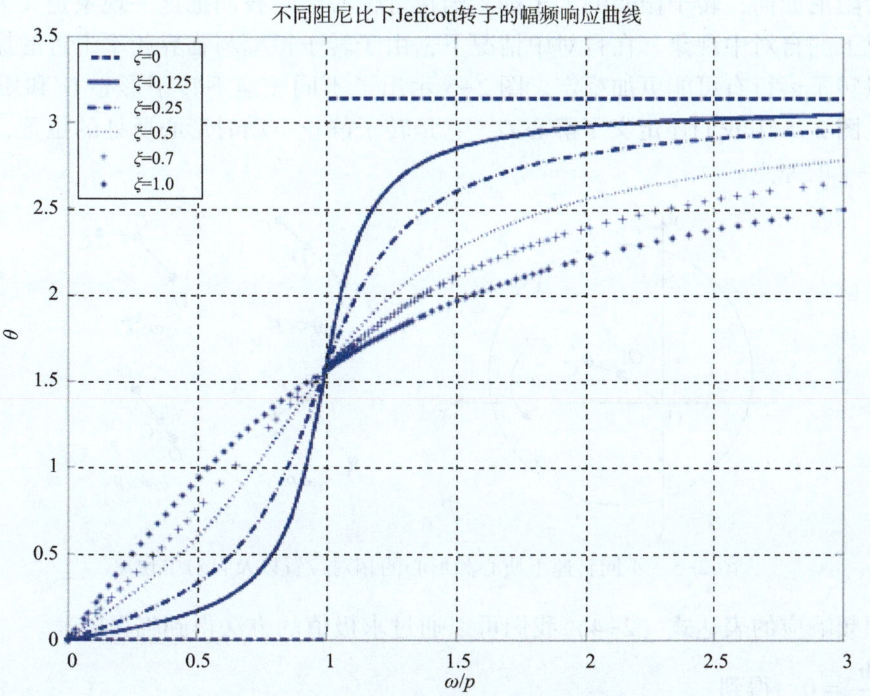

图 2-3　简单轴盘系统的相频响应曲线

从幅频响应曲线图可以看到，当转子的转速达到固有角频率附近一定范围内时，转子的振幅达到了最大值，这一转速称为**临界转速**（critical speed）。所以，临界转速的定义可以叙述为：当转子系统对不平衡的响应最大时的转速。

幅频响应曲线整个频域可以分为三个区：弹性区、共振区和惯性区（分别参考图 2-4 阴影左、右和阴影部分）。在不同区上转子系统表现出不同的参数特性，弹性区里支承刚度影响大；惯性区的振幅则主要依赖于质量偏心；而共振区的振幅对于阻尼系数的变化很敏感。如果希望在不同区域内减小振幅，需要考虑不同的参数。

由于临界转速下转子的振幅会达到最大，所以它是转子系统设计中非常关键的一个重要参数。在设计中考虑转子轴允许的弯曲应力、支承的受载能力、转子与机壳间隙等因素最后给出 r 的限值 r_d，而转子的临界转速必须在 r_d 之下（见图 2-4）。

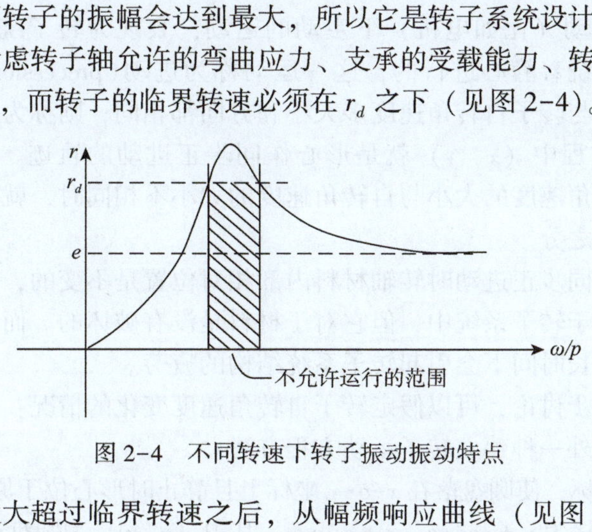

图 2-4　不同转速下转子振动振动特点

当转子的转速大大超过临界转速之后，从幅频响应曲线（见图 2-2）中我们可以看到，不管阻尼如何，转子振幅的大小都逐渐接近偏心距。我们把这一现象定义为转子在超临界情况下的**自对中现象**。在自对中情况下，由于转子振幅与临界频率附近的振幅相比更小，所以转子运行有可能更加稳定。图 2-5 示出了不同转速下转子形心 O' 和质心 C 的相互关系。图 2-5 中我们还定义了静心 O，它是转子静止不动时形心所处的位置，也是静坐标系 x-o-y 的原点。

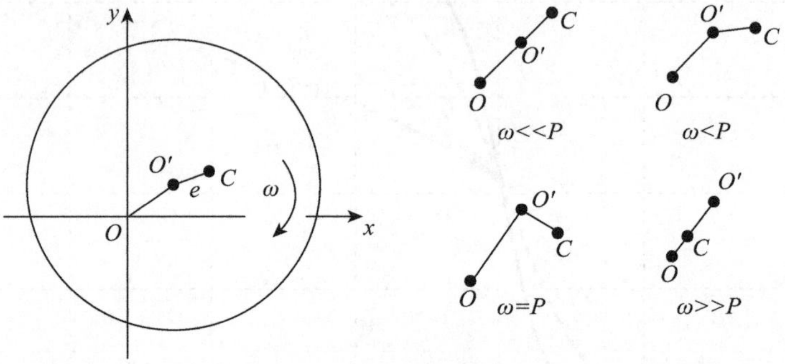

图 2-5　不同转速下质心和形心的相对位置以及自对中现象

从幅频响应的表达式（2-4）我们可以通过求极值的方法得到临界转速。

令 $\dfrac{\mathrm{d}r}{\mathrm{d}\omega}=0$，得到：

$$\omega_{cr}=p\sqrt{\frac{1}{1-2\xi^2}} \tag{2-5}$$

这里应该指出的是，由于存在阻尼使临界转速稍大于 p，实际情况中这一差别一般不大。

临界转速是由于转子本身自转角速度与转子系统固有频率接近所引起的。自转使得转子不平衡质量产生一个与转速频率相同的激振力，这一力的频率随着转速从 0 到工作转速连续变化，形成了一个从小到大的连续的激振力，所以，在转子升速过程中有可能会激励出系统的一系列固有频率。

自转是转子在驱动（比如电机）下主动的运动，表现为转子绕其形心旋转。同时，形心又在运动，它是绕着静心进行的，这一运动称为**进动**（precession）或涡动（whirl）。轴心的进动频率如果与转子自转角速度多大小和方向都相同，则称为**同步正进动**。前面求解的简单转子运动方程中（x，y）就是形心作同步正进动的轨迹。如果进动方向相反，就叫**反进动**。当进动角速度的大小与自转角速度的大小不相同时，就称为**异步进动**，异步进动也有正向和反向之分。

值得注意的是：同步正进动时转轴材料内部相对位置是不变的，所以，理论上讲同步正进动虽然一定存在于转子系统中，但它对于材料是没有破坏的。而异步进动时转轴材料内部应力发生交变，长时间下会引起转子系统结构的疲劳。

作为问题的进一步讨论，可以假定转子自转角速度变化的情况：

这里展示采用另外一种建立转子运动方程方法：

如图 2-6 建立坐标，使圆盘落在 x-o-y 坐标上且静止时形心位于原点 o，则当圆盘以 ω 旋转时，质心 C 点坐标为 $x+e\cos\varphi$，$y+e\sin\varphi$，其中（x，y）为圆盘运动时形心 o' 的坐标。

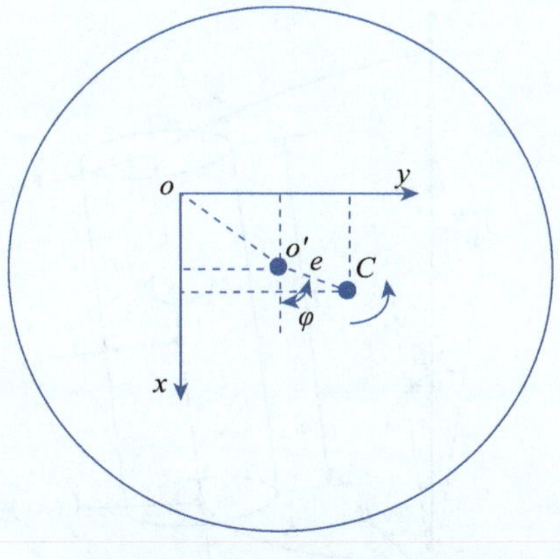

图 2-6　质心和形心的坐标

对质心 C 列方程，有：

$$\begin{cases} m\dfrac{\mathrm{d}^2(x + e\cos\varphi)}{\mathrm{d}t^2} + kx = 0 \\ m\dfrac{\mathrm{d}^2(y + e\sin\varphi)}{\mathrm{d}t^2} + ky = 0 \end{cases} \tag{2-6}$$

为方便我们采用 $\ddot{x}$ 代替 $\dfrac{d^2x}{\mathrm{d}t^2}$，其他类推；令 $\varphi = \omega t$，且不考虑阻尼，于是我们得到：

$$\begin{cases} m\ddot{x} + kx = me\omega^2\cos\varphi + me\dot{\omega}\sin\varphi \\ m\ddot{y} + ky = me\omega^2\sin\varphi - me\dot{\omega}\cos\varphi \end{cases} \tag{2-7}$$

此时，还可以列出自转的方程：

$$J_p\dot{\omega} = T + ke(y\cos\varphi - x\sin\varphi) \tag{2-8}$$

其中 J_p 是转子圆盘的轴转动惯量，T 是外加力矩。可以看出，除了偏心质量的离心力之外，转子的角加速度也在一定程度上影响其振动，这一因素在加速度过临界或水平放置转子重力影响的讨论时需要加以考虑。

2.2　陀螺效应

在上一节讨论的简单轴盘转子模型，其中转子作进动时的轴线（角动量）是与其自转的轴线平行的。当转子由于上下支承不对称，或者由于某些干扰，会发生进动角动量与自转角动量矢量不平行的情况。这时候会出现一些特有的运动状况。这就是我们将要讨论的陀螺效应。

为表述方便，我们假设转子不再是扁平的圆盘，而是圆柱体，它的两端由弹性细轴支撑，旋转角速度 ω 为常数 。同时还假设无阻尼情况，并且质心与形心重合。这样的转子系统在外来干扰下只作横向小幅度振动时（图 2-7 的转子偏离 z 坐标较大，是为了标注清楚的原因，实际情况还是微小横向振动），它的自由度由六个自由度退化成四个。

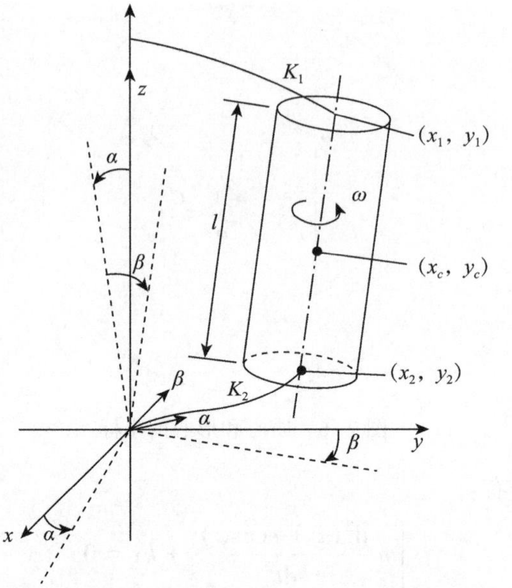

图 2-7　转子系统的陀螺效应力学模型

转子对于中心轴的轴转动惯量和对于穿过直径的径转动惯量分别为 J_p、J_t。假定我们在静止坐标（x，y，z）上观察转子，我们将看到转子自己做 ω 为常数的自转，同时自转轴在做进动，这一进动是相对于 Z 轴的横向偏移，包含与 z 轴夹角变化和绕 z 轴转两部分运动，其偏移程度应该与转子的径转动惯量 J_t 有关。由于转子的自转轴相对于 z 轴有一定的倾斜角，所以，自转轴本身的角速度（与 J_p 相关）也在静止坐标（x，y，z）三个坐标方向上的投影都有变化。当然，由于偏移振动的幅度很小，自转部分的 ω 主要分量还是在 z 轴方向。

这里，对于图中的 α 和 β 需要描述如下（参见图 2-8）：

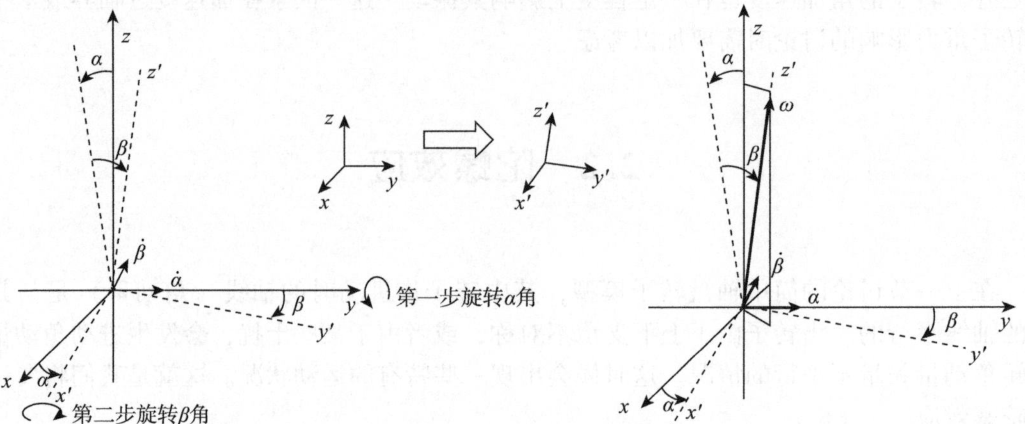

（a）坐标变换

图 2-8　陀螺效应力学模型

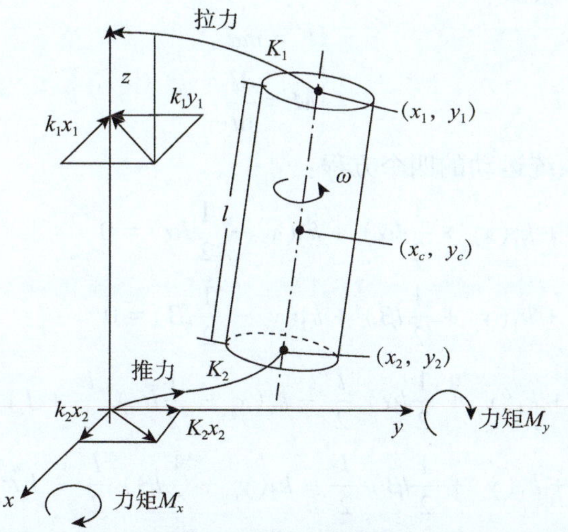

(b) 各力和力矩的表示

图 2-8　陀螺效应力学模型（续）

假设有另一坐标系（x'，y'，z'），它们最先与静坐标系（x，y，z）重合。然后，第一步，沿着 y 轴做小角度顺时针旋转（此时，y'轴和 y 轴重合，其他两轴不再重合），这时，z'轴和 z 轴，或 x'轴与 x，之间的夹角均为 α。y'轴旋转的角速度为 $\mathrm{d}\alpha/\mathrm{d}t$（注意其方向与 y 轴指向相同）。

第二步，坐标系（x'，y'，z'）沿着它自身的 x'轴作逆时针旋转（即沿着 x'指向看是逆时针），这时候得到的角位移是 β，角速度 $\mathrm{d}\beta/\mathrm{d}t$ 指向与 x'轴相反。由于做了两次旋转，角速度 $\mathrm{d}\beta/\mathrm{d}t$ 并不在 y-o-x 平面上，而是相差 β 角。

所以，在 y 轴和 x 轴方向的动量矩分别为（进动相关分量加上自转 ω 相关部分的投影）：

$$\begin{cases} I_x = -J_t\beta\cos\alpha + J_p\omega\sin\alpha\cos\beta \approx -\dot{\beta}J_t + J_p\omega\alpha \\ I_y = J_t\dot{\alpha} + J_P\omega\sin\beta \approx J_t\dot{\alpha} + J_P\omega\beta \end{cases} \tag{2-9}$$

弹性细轴提供的恢复力是有方向的，从图 2-8（b）中可知：M_x是沿着 x 轴方向，M_y是沿着 y 轴反方向。注意到转子上下端在 x-o-y 上的坐标与转子形心坐标之间的关系式（2-10），我们列出上下细轴提供的力矩如式（2-11）。

$$\begin{cases} x_1 = (x_c + \dfrac{1}{2}l\alpha); \quad x_2 = (x_c - \dfrac{1}{2}l\alpha) \\ y_1 = (y_c + \dfrac{1}{2}l\beta); \quad y_2 = (y_c - \dfrac{1}{2}l\beta) \end{cases} \tag{2-10}$$

$$\begin{cases} M_x = +k_1(y_c + \dfrac{1}{2}l\beta)\dfrac{l}{2} - k_2(y_c - \dfrac{1}{2}l\beta)\dfrac{l}{2} \\ M_y = -k_1(x_c + \dfrac{1}{2}l\alpha)\dfrac{l}{2} + k_2(x_c - \dfrac{1}{2}l\alpha)\dfrac{l}{2} \end{cases} \tag{2-11}$$

其中力矩方程中正负号是参考图 2-8 上的坐标，凡力产生力矩与定义的力矩方向（M_x，M_y）相同，取正号，反之取负号。

根据牛顿力和力矩公式：

$$\begin{cases} \boldsymbol{F} = m\boldsymbol{a} \\ \boldsymbol{M} = \dfrac{\mathrm{d}\boldsymbol{I}}{\mathrm{d}t} \end{cases} \tag{2-12}$$

就可以得到转子系统运动的四个方程：

$$\begin{cases} m\ddot{x}_c + k_1\left(x_c + \dfrac{1}{2}l\alpha\right) + k_2\left(x_c - \dfrac{1}{2}l\alpha\right) = 0 \\ m\ddot{y}_c + k_1\left(y_c + \dfrac{1}{2}l\beta\right) + k_2\left(y_c - \dfrac{1}{2}l\beta\right) = 0 \\ J_t\ddot{\alpha} + k_1\left(x_c + \dfrac{1}{2}l\alpha\right)\dfrac{l}{2} - k_2\left(x_c - \dfrac{1}{2}l\alpha\right)\dfrac{l}{2} + J_p\omega\dot{\beta} = 0 \\ J_t\ddot{\beta} + k_1\left(y_c + \dfrac{1}{2}l\beta\right)\dfrac{l}{2} - k_2\left(y_c - \dfrac{1}{2}l\beta\right)\dfrac{l}{2} - J_p\omega\dot{\alpha} = 0 \end{cases} \tag{2-13}$$

其中，前两个方程是描述质心的运动，后面两个方程是描述转子作为刚体绕自己质心的运动。

引入复数量：

$$\theta = \alpha + i\beta \qquad r_c = x_c + iy_c \tag{2-14}$$

化简得到：

$$\begin{cases} m\ddot{r}_c + (k_1 + k_2)r_c - \dfrac{l}{2}(k_2 - k_1)\theta = 0 \\ J_t\ddot{\theta} - iJ_p\omega\dot{\theta} - \dfrac{l}{2}(k_2 - k_1)r_c + \dfrac{l^2}{4}(k_1 + k_2)\theta = 0 \end{cases} \tag{2-15}$$

为了更方便地讨论陀螺效应问题，我们作进一步简化，假定转子两边的支承是对称的，则有 $k_2 = k_1 = k$，这样上式成为：

$$\begin{cases} m\ddot{r}_c + 2kr_c = 0 \\ J_t\ddot{\theta} - iJ_p\omega\dot{\theta} + \dfrac{l^2}{2}k\theta = 0 \end{cases} \tag{2-16}$$

式（2-15）第二个方程有三项，从作到右分别是惯性项、陀螺项和弹性项。

为求解第二个方程，令 $\theta = \bar{\theta}e^{i\omega_n t}$ 代入（其中 ω_n 是固有频率），得：

$$\begin{cases} -J_t\omega_n^2 + J_p\omega\omega_n + \dfrac{k}{2}l^2 = 0 \\ \omega_{n2} = \dfrac{-J_p\omega \pm \sqrt{(J_p\omega)^2 + 2J_tkl^2}}{-2J_t} = \dfrac{J_p}{J_t}\cdot\dfrac{\omega}{2} \pm \sqrt{\left(\dfrac{J_p}{J_t}\cdot\dfrac{\omega}{2}\right)^2 + \dfrac{kl^2}{2J_t}} \\ \quad = \dfrac{J_p}{J_t}\cdot\dfrac{\omega}{2} \pm \sqrt{\left(\dfrac{J_p}{J_t}\cdot\dfrac{\omega}{2}\right)^2 + (\omega_{n2}^0)^2} \end{cases} \tag{2-17}$$

ω_{n2}^0 定义为约束频率，它是假定这个转子转速为 0 时绕质心的摆动频率。

令 J_p/J_t 为参数，由式（2-17）可画出图 2-9。

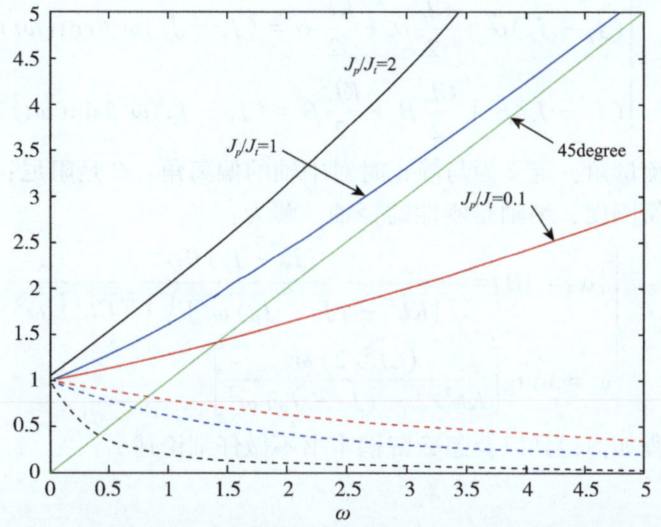

图 2-9　转子系统不同转速下由于陀螺效应引起固有频率的变化

图 2-9 中，当 $J_p/J_t<1$ 时，令 $\omega=\omega_{n2}$ 代入式（2-17），可以求得临界转速为：

$$\omega_{n2}=\omega_{n2}^{0}/\sqrt{(1-J_p/J_t)} \tag{2-18}$$

而当 $J_p/J_t>1$ 时，没有临界频率，也就是随着转速的增加，转子系统与之相应的“固有频率”不断增加，并且增加的速度比转速增加得更快，所以，这个“固有频率”不会等于转速，也就不存在相应的临界频率。“固有频率”随转速变化（正进动表现为增加，反进动表现为减少）的特点是陀螺效应的重要标志，为了与一般的无旋转的结构振动加以区别，我们习惯上把转子系统的“固有频率”称为**特征频率**。所以，以后谈到特征频率时，可以理解为“固有频率”，但它有时是可变的。

有关陀螺效应对应的特征频率随转速变化可以理解为：不同转速下转子具有不同的角动量，当转子在摆动时，它的角动量大小可以是不变，但方向发生了变化。角动量作为一种矢量形式的惯性量，改变其方向也是需要力或者力矩的，当转子是正进动时，陀螺力矩与弹性挠动力方向一致，增加了系统刚度，特性频率增加；而当转子是反进动时，陀螺力矩与弹性挠动力方向相反，减小了系统刚度，特性频率减小。

另注：以上分析中，我们并没有描述转子自转的方程，因为它的转速恒定，是已知量。如果考虑加、减速度旋转是则需要考虑 z 方向动量矩：$I_z=J_p\omega\cos\beta\cos\alpha-\dot{\beta}J_t\sin\alpha$。

在 J Vance 等的著作《Machinery Vibration and Rotor Dynamics》[8] 中，给出了单侧悬挂式薄盘的陀螺效应下特征频率的解，结果与以上解基本一样。

从他的解可以得到：

$$\begin{cases}(J_T-J_P)\omega^2=\dfrac{1}{2}KL^2\\ or\quad \omega_{cr}^2=\dfrac{\omega_T^2}{1-P}\\ \omega_T=\sqrt{KL^2/J_T}\qquad P=J_P/J_T\end{cases} \tag{2-19}$$

Vance 甚至还给出它的不平衡响应方程和解：

$$\begin{cases}(J_T - J_P)\ddot{\alpha} + \dfrac{CL^2}{2}\dot{\alpha} + \dfrac{KL^2}{2}\alpha = (J_T - J_P)\omega^2\theta\cos(\omega t) \\ (J_T - J_p)\ddot{\beta} + \dfrac{CL^2}{2}\dot{\beta} + \dfrac{KL^2}{2}\beta = (J_T - J_P)\omega^2\theta\sin(\omega t)\end{cases} \tag{2-20}$$

这里 θ 是失衡量角，定义为与静止时对中轴的偏离角；C 是阻尼；K 是支承在距离细轴端点为 L 的弹簧刚度，细轴是刚性的轻轴。解为：

$$\begin{cases}|\alpha| = |\beta| = \dfrac{(J_T - J_P)\theta\omega^2}{\sqrt{[KL^2 - (J_T - J_P)\omega^2]^2 + (CL^2)^2\omega^2}} \\ \varphi = \operatorname{arctg}\left[\dfrac{(CL^2/2)\omega}{KL^2/2 - (J_T - J_P)\omega^2}\right]\end{cases} \tag{2-21}$$

至于以上方程如何得到以及怎么解耦本书不做仔细论述。

2.3 刚性转子与柔性转子

在机械工程领域，按照转子临界转速和工作转速的关系，将转子分为刚性和柔性两类。对于柔性支承转子-支承系统而言，其临界转速通常分为两类。

第一类通常称为系统的临界转速。

为了实现转子的高速稳定运行，可对上一章节中提到的转子的“自动对心”效应加以利用，转子可采用柔性支承方案，转子的径向约束刚度远低于转子自身刚度，这使得转子-支承系统的低阶临界转速可以远低于转子的目标工作转速。低阶临界转速对应的振型主要为转子整体的平动和摆动振型，转子自身在该临界转速下表现出刚性特点，其弯曲变形通常可以忽略不计，转子的各阶振型如图 2-10 所示。

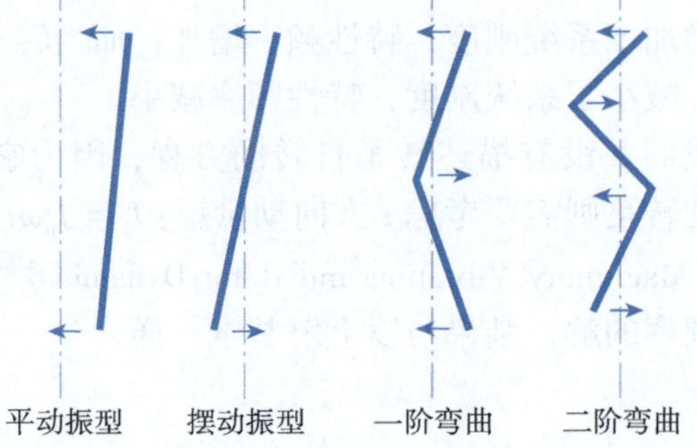

图 2-10 转子的各阶振型示意图

第二类通常称为转子弯曲振动临界转速。

这类临界转速对应的转子-支承系统振型中，转子自身表现出柔性，出现明显的弯曲变形，动力学上表现出明显的弯曲振动形态。如果转速超过并远离转子自身弯曲振型所对应的各阶临界转速，由于“自动对心”效应的存在，转子也能够实现稳定运行。

对于只需要跨越第一类临界转速的转子被称为刚性转子；而需要同时跨越第一类和第二类临界转速的转子被称为柔性转子。这里的刚性转子和柔性转子是对于转子本身而言，而非指整个转子-支承系统。对于整个系统来说，柔性支承条件下转子总是超过（第一类）临界转速而运行的。

在介于第一类临界和第二类临界之间的某一段转速区间内，会出现刚性转子到柔性转子的过渡问题。这种过渡对于实际结构而言有可能是连续的，但对于物理模型而言可能需要确定刚性转子和柔性转子的分界。例如，对于圆筒式细长转子，有一种分解方法是：当转速在转子本身第一个弯曲临界转速的 0.5 倍之下时，转子认为是刚性的；当转子转速大于第一个弯曲临界转速的 0.7 倍时，就当作柔性转子对待；在 0.5~0.7 倍之间是一种过渡的状态。

2.4　模态频率和模态阻尼

由转子动力学本身的特点可知，立式转子的动力学性能主要关心的是转子的横向（即径向）小幅度振动响应。

对于上述章节中的单圆盘转子，同样可以借助达朗贝尔原理、第二类拉格朗日方程等方法，建立转子-支承系统的运动微分方程组，该方程组的建立过程将在本书后续章节中详细介绍，为了概念阐述的简洁起见，这里直接给出运动微分方程组的具体表达形式：

$$[M]\{\ddot{Z}\} + [C]\{\dot{Z}\} + [K]\{Z\} = 0 \tag{2-22}$$

其中：$[M]$ ——质量矩阵；

$[C]$ ——阻尼矩阵；

$[K]$ ——刚度矩阵；

$\{Z\}$ ——转子-支承系统的广义坐标列向量。

上述方程组实际上是一个二阶齐次线性微分方程组，对应的是动力学系统的自由振动问题。在通常情况下，通过求解上述方程可以获得该系统的振动模态及稳定性等信息。

在稳定性问题求解过程中，通常将上述方程组可改写为如下形式：

$$\begin{Bmatrix} \ddot{Z} \\ \dot{Z} \end{Bmatrix} = \begin{bmatrix} -M^{-1}C & -M^{-1}K \\ I & 0 \end{bmatrix} \cdot \begin{Bmatrix} \dot{Z} \\ Z \end{Bmatrix} \tag{2-23}$$

这里，令

$$\{Q\} = \begin{Bmatrix} \dot{Z} \\ Z \end{Bmatrix} \tag{2-24}$$

$$[A] = \begin{bmatrix} -M^{-1}C & -M^{-1}K \\ I & 0 \end{bmatrix} \tag{2-25}$$

则方程（2-24）被转化为：

$$[A]\{Q\} = \{\dot{Q}\} \tag{2-26}$$

根据微积分中典型的微分方程组的基本解法，可以设方程组（2-26）的解为如下形式：

$$\{Q\} = \{U\} \cdot e^{\lambda t} \tag{2-27}$$

将解的表达式（2-27）代入方程（2-26）可以得到：

$$[A]\{Q\} = \lambda\{Q\} \tag{2-28}$$

可以看出，λ 为 $[A]$ 的特征值，而 $\{Q\}$ 为 $[A]$ 的特征向量。

求得所需要的 $[A]$ 的特征值和特征向量即得到振动问题的解。得到振动问题解的形式为

$$\{Q\} = \sum D_j \{U\}_j \cdot e^{\lambda_j t} \tag{2-29}$$

这里，D_j 为加权系数，λ_j 为复数，形式为：

$$\lambda_j = -n_j \pm i\omega_j,\ j = 1,\ 2,\ \cdots,\ 6 \tag{2-30}$$

通常将 $\{U\}_j$ 称为模态振型，将 n_j 称为模态阻尼，将 ω_j 称为模态频率。在高速旋转机械领域，通常令

$$\zeta_j = \frac{n_j}{\omega_j} \tag{2-31}$$

将 ζ_j 称为模态阻尼比。

模态阻尼 n_j 实际上是反映转子运动稳定性的重要物理量。

从上述解的形式可以看出，当 $n_j > 0$ 时，对应模态的振幅是随时间衰减的，说明该阶模态振动是随着时间增加而趋向收敛的，系统是稳定的；当 $n_j < 0$ 时，对应模态的振幅是随时间不断增长的，说明该阶模态振动是发散的，系统是不稳定的。

2.5 立式支承转子的“反映阻尼”

为了使转子高速稳定转动，必须设置阻尼器，以便为转子提供足够的外阻尼力来消耗转子系统的振动能量，并确保在外界干扰下转子出现进动时也能通过外阻尼力作用将进动成分衰减掉。所有的外阻尼力通常需要通过转子上下支承端施加在转子上。

为了更加形象地阐述端部设置阻尼器对于转子本身振动的抑制机制，这里以下支承采用一种摆式阻尼器、转子与摆式阻尼器采用细轴接触联接的动力学系统为例，介绍“反映阻尼”的概念。摆式阻尼器结构及采用该种阻尼器的下支承等效模型示意图如图 2-11、图 2-12 所示。

实际上，可以将阻尼器的阻尼作用等效为直接施加在转子上的阻尼，这种阻尼被称为转子的“反映阻尼”。以刚性转子为例，推导摆式阻尼器施加在转子上的反映阻尼表达式。

阻尼体的径向振动方程为：

$$m\ddot{r}_d + c\dot{r}_d - K_b r_r + (K_b + K_d) r_d = 0 \tag{2-32}$$

其中：m——阻尼体的等效质量，kg；

K_b——连接细轴的径向线刚度系数，N/m；

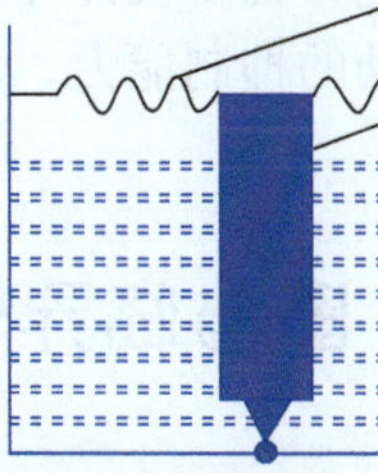

图 2-11　摆式阻尼器结构示意图

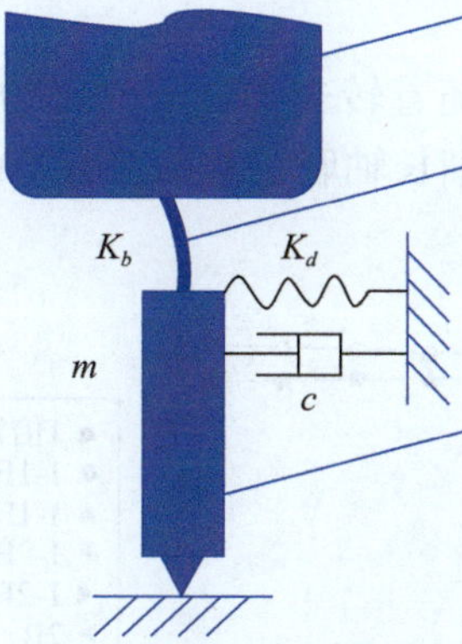

图 2-12　摆式阻尼器型下支承等效模型

K_d——阻尼体的径向线刚度系数，N/m；

c——阻尼体的径向等效阻尼系数，N · s/m；

r_d——阻尼体上端的径向位移，m；

r_r——转子下端的径向位移，m；

令其解为

$$\begin{cases} r_d = R_d e^{-ist} \\ r_r = R_r e^{-ist} \end{cases} \tag{2-33}$$

这里，R_d 和 R_r 分别代表阻尼体上端和转子下端的振幅，s 代表转子的振动角频率。

将上式代入方程（2-32）中，得到：

$$[-s^2 m + isc + (K_b + K_d)]R_d - K_b R_r = 0 \tag{2-34}$$

为了求得阻尼器通过细轴传导至转子的阻尼作用，可以从耗散能量相等的角度出发，构造一个反映阻尼系数 c^*，令等式（2-35）成立：

$$c\,|\dot{r}_d|^2 = c^*\,|\dot{r}_r|^2 \tag{2-35}$$

等式（2-35）的含义在于，用一个直接作用于转子上的虚拟阻尼 c^* 来代替实际阻尼器，这个虚拟阻尼 c^* 的数值大小可以评判阻尼器对于转子振动能量的耗散能力。

将（2-34）式代入（2-35）式，得到：

$$c^* = c\frac{|\dot{r}_d|^2}{|\dot{r}_r|^2} = c\frac{|R_d|^2}{|R_r|^2} = c\left|\frac{K_b}{-s^2 m + isc + (K_b + K_d)}\right|^2 \tag{2-36}$$

上式（2-36）便是“反映阻尼”的数学表达式。有了这个表达式，可以以获得最大的反映阻尼为目标，对于转子的下支承参数进行初步设计计算，并能够较为便捷地分析与评价特定的支承参数配合下阻尼器对转子振动的抑制能力。

2.6　Campbell 图与临界转速

在前序章节中已经提到，由于陀螺效应的存在，转子-支承系统的各阶模态频率并不是恒定不变的。随着转子转动速度的增加，系统的各阶正进动模态频率将不断增大，而各阶反进动模态频率将不断减小。

描述转子-支承系统的各阶模态频率随着转速增加而变化的图像通常被称为 Campbell 图。作为一个典型的例子，这里给出一种细长轴联接双圆盘转子的 Campbell 图，如图 2-13 所示。

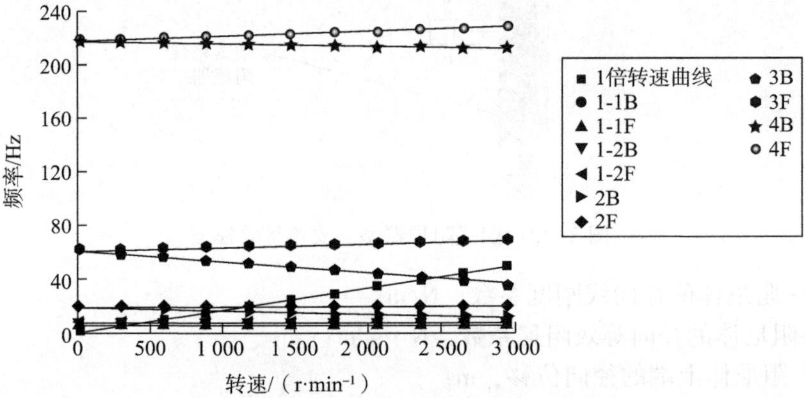

图 2-13　典型双圆盘柔性转子的 Campbell 图

通常将转子的一倍转速线也一并描绘在 Campbell 图中。这时，一倍转速线与各阶模态频率曲线交点所对应的转动速度即为转子-支承系统的各阶临界转速。从图 2-13 中可以清楚地看到正进动模态频率和反进动模态随着转子转速变化而变化的规律。

2.7　立式转子-支承系统的不稳定因素

通常通过设置阻尼器来保证转子的运行稳定性。由于存在外加阻尼作用，在转子受到干扰后，其自然振动（进动）成分通常会很快衰减、消失，进而恢复到由“自动对中”效应决定的稳定运动状态。这种情况下，转子是稳定的。反之，当受到干扰后，自然振动（进动）成分不衰减，则转子运动状态是不稳定的，通常称之为转子失稳。

转子的典型不稳定因素主要有：转子材料内阻尼、转子结构内阻尼、连接轴刚度不对称、连接件配合面间摩擦作用、油膜振荡等。这些因素需要在立式转子-支承系统总体方案设计和动力学参数匹配过程中格外关注。作为典型的不稳定因素分析，本书第 6 章中将专门针对转子内阻尼引起系统失稳的现象和机制进行介绍。

关于其他类型的失稳因素导致转子不稳定的情况，可以参考转子动力学相关的书籍。

2.8　转子动力学的几种主要分析方法

转子动力学分析主要需要求解两类问题：一类是稳定性问题；另一类是强迫振动问题。

稳定性问题求解的目的是：通过模态分析计算得到转子-支承系统在一定转动速度下的模态频率、模态阻尼和模态振型，对转子在该转速下的运动稳定性进行判断。

这类问题的求解流程如图 2-14 所示。

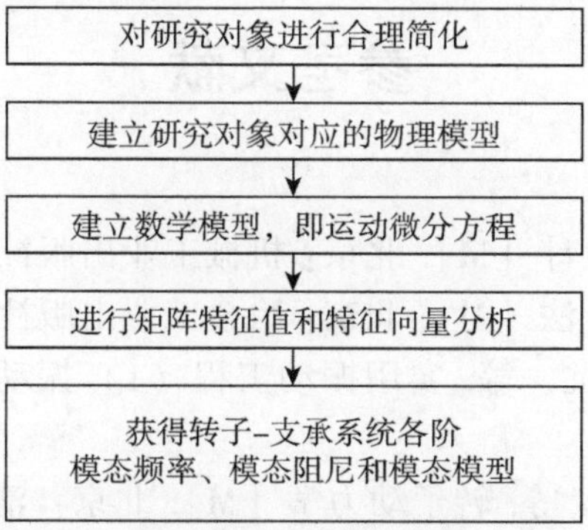

图 2-14　稳定性问题的典型求解流程

强迫振动问题求解的目的是：通过瞬态动力学分析计算转子-支承系统在特定转动速度（特别是在临界转速）下的振动响应，一方面通过支承参数匹配性设计抑制转子的过临界振动幅值；另一方面提出转子不平衡质量控制要求等。

这类问题的求解流程如图 2-15 所示。

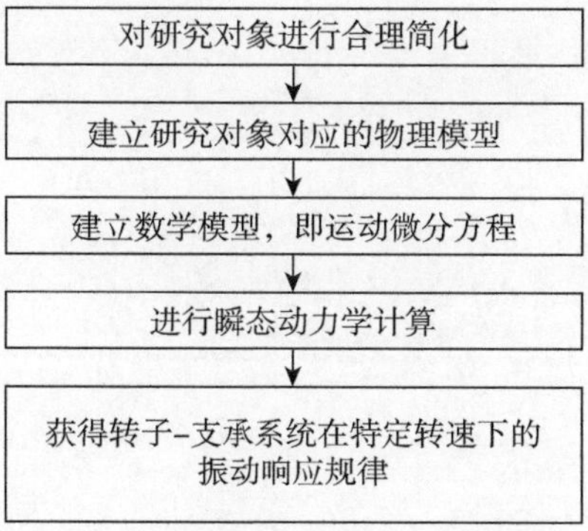

图 2-15　强迫振动问题的典型求解流程

经归纳概括，目前立式转子动力学问题在求解过程中需要关注的难点主要有两点：一是如何通过合理简化来建立准确的运动数学模型；二是如何在尽量小的计算代价下对运动微分方程进行求解。

在转子动力学领域，采用的主要建模和求解方法主要有三种：解析法、基于集中参数模型的数值方法和基于大型商业软件的有限元分析方法。

在我国早期的转子动力学计算过程中，由于计算资源及能力等客观条件限制，主要依赖于前两种方法进行转子动力学分析。近些年来，随着电子计算机技术的快速发展，硬件计算速度和软件分析能力日益提高，这为复杂的转子动力学问题求解带来契机。目前，主要采用后两种分析技术，即数值法和有限元法。其中，在数值求解方法中，以高阶龙格-库塔等算法为代表的微分方程求解算法较为常用，而在有限元方法中，应用最为广泛的商业有限元软件主要包括 ANSYS 软件、SAMCEF ROTOR 软件等。关于这两类分析技术的具体实施流程和典型算例将在本书第 3 章和第 4 章进行详细介绍。

参考文献

[1] 张策. 机械原理与机械设计 [M]. 北京：机械工业出版社，2011.

[2] 陈立周. 机械优化设计方法 [M]. 北京：冶金工业出版社，2005.

[3] 张阿舟，诸德超，姚起杭，等. 实用振动工程（1）振动理论与分析 [M]. 北京：航空工业出版社，1996.

[4] 钟一谔，何衍宗，王正，等. 转子动力学 [M]. 北京：清华大学出版社，1987.

[5] 易中，周丽珍. 分析力学初步 [M]. 北京：冶金工业出版社，2006.

[6] William T. Thomson, Marie Dillon Dahleh. Theory of Vibration with Applications [M]. Beijing: Tsinghua University Press, 2005.

[7] 郝桐生. 理论力学 [M]. 北京：高等教育出版社，2003.

[8] J Vance, F Zeidan, B Murphy. Machinery Vibration and Rotordynamics [M]. John Wiley&Sons Inc. , 2010.

第3章　基于集中参数模型的转子动力学分析方法

3.1　引论

从严格意义上讲，实际工程领域中的任何一个部件、组件或者系统均具有无限个自由度。对于它们的运动状态进行全面描述需借助无限个广义坐标，这种无限自由度的问题无论是数学建模还是求解都是不现实的，因而需要借助合理的假设对部件、组件或者系统进行简化，减少物理模型的自由度，从而达到缩减问题求解规模的目的。

在转子动力学领域，基于集中参数模型的分析方法是应用最多的分析方法之一，也是快速建立系统动力学模型并获得稳定性和瞬态响应问题结果的有效方法。集中参数模型的核心思想是，采用合理的假设对研究对象进行简化，在保证模型物理图像和计算结果精度的前提下，通过将转动部件、支承部件涉及的各个参数进行集总化处理，尽可能减少系统的自由度数目，缩减计算规模，从而以较小的计算代价得到满足精度要求的求解结果。值得一提的是，这也是我国早期开展转子动力学分析时提出的计算方法。

为了较完整地展示采用该方法进行转子动力学分析的具体过程，本章将分别以刚性和柔性两类转子为例，给出典型的计算案例，阐述了转子动力学建模及求解过程。

3.2　刚性转子动力学分析举例

3.2.1　动力学系统描述

以两端采用柔性支承的单圆盘刚性转子为例，其结构如图 3-1 所示。该系统采用的主要支承方案如下。

(1) 上支承

采用非接触式永磁轴承，其中，轴承静止部分安装在保护壳正上方，轴承转动部分安装在转子上端。

（2）下支承

采用连接细轴支承，细轴下端与装配于阻尼体上的轴承副进行配合，细轴与轴承副的接触部位是该系统唯一的动静件直接接触部位。

（3）阻尼器

这里考虑只包含一个下阻尼器的模型。下阻尼器为注油摆式阻尼器，阻尼器的具体结构如图 2-11 所示。阻尼体浸没在粘性阻尼油中，阻尼体在径向上受到机械弹簧提供的约束力，在采用柔性支承的立式转子系统中，这种机械弹簧的刚度系数通常选择量级为10~10^4 N/m。

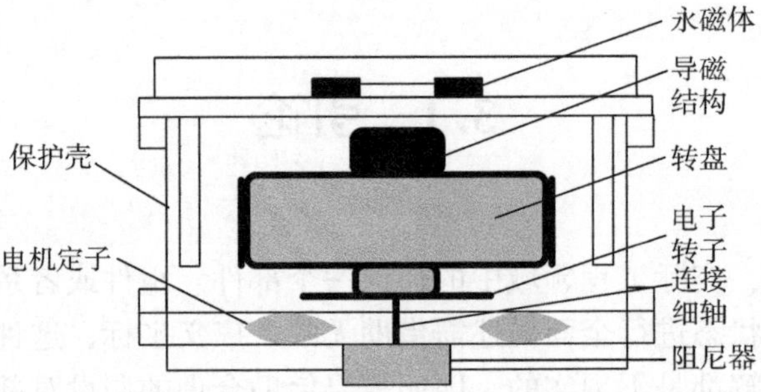

图 3-1　刚性立式转子支承形式简图

该类阻尼器的阻尼作用机制为：当高速旋转的转子通过细轴带动阻尼体摆动时，阻尼油将在阻尼体运动的影响下发生流动作用，由于阻尼油本身具有一定的黏性，进而可以起到耗散阻尼体摆动能量的作用，最终实现消耗转子振动能量的目的。

3.2.2　简化假设

实际工作中的转子动力学系统的结构通常较为复杂，在进行动力学分析时，总可以借助各类合理假设降低问题的求解难度，在对上述转子-支承系统进行动力学分析时，通常采用如下几点简化及假设。

（1）刚性转子假设

转子的工作转速远低于转子自身的弯曲临界转速，将转子近似地处理为刚体，即近似认为不用考虑转子自身的变形。

（2）弹性细轴假设

在该类模型中，弹性细轴的刚度远低于转子的刚度，而其质量和长度均远小于转子本身的质量和长度，因此可以不考虑弹性细轴的质量和尺寸属性，认为细轴仅起弹性支承连接的作用，细轴的特征物理量仅保留其径向刚度特性。

（3）径向微幅振动假设

在算例中不考虑转子的轴向运动，并认为转子的径向运动为微幅振动。同样地，对于下阻尼器中的阻尼体也只考虑径向运动而不考虑阻尼体轴向运动。

（4）阻尼力假设

忽略除了下阻尼器施加给转子的阻尼力之外的所有内、外阻尼力作用，包括空气摩擦阻尼、转子自身以及各个连接部位的内阻尼和结构阻尼作用等。

(5) 线性化假设

在上述微幅运动的假设条件下，不考虑各类非线性因素，对于各支承径向刚度、阻尼作用等均作线性化处理，认为磁轴承径向刚度、细轴等效径向刚度、阻尼体径向约束刚度和阻尼器等效阻尼系数等均为常数。

3.2.3 物理模型

在上述简化假设的基础上，可以对转子上下支承进行简化，从而得到形式简洁的转子-支承系统动力学模型，如图 3-2 所示。

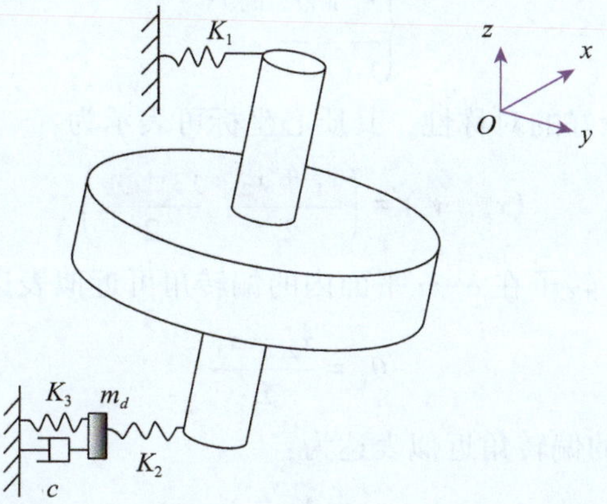

图 3-2　刚性转子-支承系统动力学简化模型

在下文计算过程中，各个符号的还以如下：

m——转子质量，kg；

L——转子长度，m；

J_p——转子轴转动惯量，$kg \cdot m^2$；

J_d——转子直径转动惯量，$kg \cdot m^2$；

R——转子半径，m；

K_1——磁轴承径向刚度系数，N/m；

K_2——细轴径向刚度系数，N/m；

K_3——阻尼体受弹簧径向约束刚度系数，N/m；

m_d——阻尼体等效质量（包括阻尼油附加质量），kg；

c——阻尼器的等效粘性阻尼系数，$N \cdot s/m$。

3.2.4 数学模型

采用第二类拉格朗日方程建立上述模型对应的运动微分方程。首先建立广义坐标系，其次通过计算给出转子-支承系统动力学系统的动能、势能、耗散能和广义力，将以上各项代入第二类拉格朗日方程，可得到动力学微分方程组。

(1) 广义坐标和广义力

首先以静止状态下转子上、下轴承的中心连线建立 z 轴，其方向为竖直方向。转子的径向振动可由转子上下两端点的振动位移和阻尼体顶部的径向位移来表征，一个六自由度动力学问题。

各处对应的广义坐标：转子上端：(x_1, y_1)；转子下端：(x_2, y_2)；阻尼体上端：(x_3, y_3)。

以上的每组广义坐标所在的平面都垂直于 z 轴，即：

$$\begin{cases} \overrightarrow{x_1} \parallel \overrightarrow{x_2} \parallel \overrightarrow{x_3} \\ \overrightarrow{x_1} \perp \overrightarrow{z} \end{cases} \tag{3-1}$$

$$\begin{cases} \overrightarrow{y_1} \parallel \overrightarrow{y_2} \parallel \overrightarrow{y_3} \\ \overrightarrow{y_1} \perp \overrightarrow{z} \end{cases} \tag{3-2}$$

假设转子上下具有较好的对称性，其质心坐标可表示为：

$$(x_c, y_c) = \left(\frac{x_1 + x_2}{2}, \frac{y_1 + y_2}{2}\right) \tag{3-3}$$

在微幅运动假设下，转子在 $o\text{-}xz$ 平面内的偏转角可近似表达为：

$$\theta_y = \frac{x_2 - x_1}{L} \tag{3-4}$$

转子在 $o\text{-}yz$ 平面内的偏转角近似表达为：

$$\theta_x = \frac{y_2 - y_1}{L} \tag{3-5}$$

转子旋转角速度为 ω，设由于转子内部质量分布不均而等效到转子上下两端面外缘的静不平衡量分别为 Δm_1 和 Δm_2，则由转子上下两端的静不平衡质量引起的广义力可采用离心力公式进行计算。

转子上端对应于广义坐标 x_1 和 y_1 的广义力 Q_1 和 Q_2 的具体表达式如下：

$$Q_1 = \Delta m_1 R\omega^2 \cos(\omega t) \tag{3-6}$$

$$Q_2 = \Delta m_1 R\omega^2 \sin(\omega t) \tag{3-7}$$

转子下端对应于广义坐标 x_2 和 y_2 的广义力 Q_3 和 Q_4 的具体表达式如下：

$$Q_3 = \Delta m_2 R\omega^2 \cos(\omega t) \tag{3-8}$$

$$Q_4 = \Delta m_2 R\omega^2 \sin(\omega t) \tag{3-9}$$

此外，前序章节中已经提到，对于下阻尼器而言，并不采用广义力来表示阻尼力作用，而是采用耗散能来表达。因此，广义坐标 x_3 和 y_3 所对应的广义力 Q_5 和 Q_6 均按照零来处理，即：

$$Q_5 = Q_6 = 0 \tag{3-10}$$

(2) 系统的动能、势能、耗散能的表达式

下面给出系统的动能、势能、耗散能和广义力。

系统的动能由转子的动能和阻尼体的动能组成，其中，转子的动能包括平动动能和转动动能两种成分，在第 2 章中已经给出了转子动能表达式的详细推导过程，这里直接给出动能表达式：

$$T = \frac{1}{2}[J_d(\dot{\theta}_x^{\ 2} + \dot{\theta}_y^{\ 2}) + J_p\omega^2 + 2J_p\omega\,\dot{\theta}_y\theta_x] + \frac{1}{2}m(\dot{x}_c^{\ 2} + \dot{y}_c^{\ 2}) + \frac{1}{2}m_d(\dot{x}_3^{\ 2} + \dot{y}_3^{\ 2}) \tag{3-11}$$

系统的势能由各弹性元件的势能加和而成，可直接采用弹簧弹性势能的计算公式来获得系统势能表达式如下：

$$U = \frac{1}{2}K_1(x_1^{\ 2} + y_1^{\ 2}) + \frac{1}{2}K_2[(x_3 - x_2)^2 + (y_3 - y_2)^2] + \frac{1}{2}K_3(x_3^{\ 2} + y_3^{\ 2}) \tag{3-12}$$

系统的耗散能主要为阻尼器的耗散能，其表达式如下：

$$Z = \frac{1}{2}c(\dot{x}_3^{\ 2} + \dot{y}_3^{\ 2}) \tag{3-13}$$

(3) 系统运动微分方程组的建立

为了计算方便，用 $q_i(i=1,\ 2,\ \cdots,\ 6)$ 依次替换之前定义的六个广义坐标，并规定 q_i 对应的广义力为 $Q_i(i=1,\ 2,\ \cdots,\ 6)$。

如前序章节所述，对于这个具有六个自由度的动力学系统，第二类拉格朗日方程的具体表达式如下：

$$\frac{d}{dt}\left(\frac{\partial T}{\partial \dot{q}_i}\right) - \frac{\partial T}{\partial q_i} + \frac{\partial U}{\partial q_i} + \frac{\partial Z}{\partial \dot{q}_i} = Q_i \quad (i=1,\ 2,\ \cdots,\ 6) \tag{3-14}$$

将系统的动能、势能、耗散能和广义力各项代入方程，可以得到刚性转子-支承系统的动力学微分方程为以下形式：

$$[M]\{\ddot{q}\} + [C]\{\dot{q}\} + [K]\{q\} = \{F(t)\} \tag{3-15}$$

其中，各物理量的表达式如下：

$$\{q\} = (x_1,\ y_1,\ x_2,\ y_2,\ x_3,\ y_3)^{\mathrm{T}} \tag{3-16}$$

$$\{\dot{q}\} = (\dot{x}_1,\ \dot{y}_1,\ \dot{x}_2,\ \dot{y}_2,\ \dot{x}_3,\ \dot{y}_3)^{\mathrm{T}} \tag{3-17}$$

$$\{\ddot{q}\} = (\ddot{x}_1,\ \ddot{y}_1,\ \ddot{x}_2,\ \ddot{y}_2,\ \ddot{x}_3,\ \ddot{y}_3)^{\mathrm{T}} \tag{3-18}$$

$$M = \begin{bmatrix} \frac{J_d}{L^2}+\frac{1}{4}m & 0 & \frac{-J_d}{L^2}+\frac{1}{4}m & 0 & 0 & 0 \\ 0 & \frac{J_d}{L^2}+\frac{1}{4}m & 0 & \frac{-J_d}{L^2}+\frac{1}{4}m & 0 & 0 \\ \frac{-J_d}{L^2}+\frac{1}{4}m & 0 & \frac{J_d}{L^2}+\frac{1}{4}m & 0 & 0 & 0 \\ 0 & \frac{-J_d}{L^2}+\frac{1}{4}m & 0 & \frac{J_d}{L^2}+\frac{1}{4}m & 0 & 0 \\ 0 & 0 & 0 & 0 & m_d & 0 \\ 0 & 0 & 0 & 0 & 0 & m_d \end{bmatrix} \tag{3-19}$$

$$
K=\begin{bmatrix}
k_1 & 0 & 0 & 0 & 0 & 0\\
0 & k_1 & 0 & 0 & 0 & 0\\
0 & 0 & k_2 & 0 & -k_2 & 0\\
0 & 0 & 0 & k_2 & 0 & -k_2\\
0 & 0 & -k_2 & 0 & k_2+k_3 & 0\\
0 & 0 & 0 & -k_2 & 0 & k_2+k_3
\end{bmatrix}
\tag{3-20}
$$

$$
C=\begin{bmatrix}
0 & \dfrac{J_p w}{L^2} & 0 & \dfrac{-J_p w}{L^2} & 0 & 0\\
\dfrac{-J_p w}{L^2} & 0 & \dfrac{J_p w}{L^2} & 0 & 0 & 0\\
0 & \dfrac{-J_p w}{L^2} & 0 & \dfrac{J_p w}{L^2} & 0 & 0\\
\dfrac{J_p w}{L^2} & 0 & \dfrac{-J_p w}{L^2} & 0 & 0 & 0\\
 & & & & c & 0\\
 & & & & 0 & c
\end{bmatrix}
\tag{3-21}
$$

$$
F(t)=\begin{bmatrix}
\Delta m_1\omega^2\cos(\omega t)\\
\Delta m_1\omega^2\sin(\omega t)\\
\Delta m_2\omega^2\cos(\omega t)\\
\Delta m_2\omega^2\sin(\omega t)\\
0\\
0
\end{bmatrix}
\tag{3-22}
$$

令：

$$r_1 = x_1 + iy_1 \tag{3-23}$$

$$r_2 = x_2 + iy_2 \tag{3-24}$$

$$r_3 = x_3 + iy_3 \tag{3-25}$$

可以进一步得到复坐标形式的运动微分方程：

$$[M]\{\ddot{r}\} + [C]\{\dot{r}\} + [K]\{r\} = F(t) \tag{3-26}$$

$$\{r\} = (r_1,\ r_2,\ r_3)^{\mathrm{T}} \tag{3-27}$$

$$\{\dot{r}\} = (\dot{r}_1,\ \dot{r}_2,\ \dot{r}_3)^{\mathrm{T}} \tag{3-28}$$

$$\{\ddot{r}\} = (\ddot{r}_1,\ \ddot{r}_2,\ \ddot{r}_3)^{\mathrm{T}} \tag{3-29}$$

$$
M=\begin{bmatrix}
\dfrac{J_d}{L^2}+\dfrac{1}{4}m_r & \dfrac{-J_d}{L^2}+\dfrac{1}{4}m_r & 0\\
\dfrac{-J_d}{L^2}+\dfrac{1}{4}m_r & \dfrac{J_d}{L^2}+\dfrac{1}{4}m_r & 0\\
0 & 0 & m
\end{bmatrix}
\tag{3-30}
$$

$$K = \begin{bmatrix} k_1 & 0 & 0 \\ 0 & k_2 & -k_2 \\ 0 & -k_2 & k_2 + k_3 \end{bmatrix} \tag{3-31}$$

$$C = \begin{bmatrix} -i\dfrac{J_p w}{L^2} & i\dfrac{J_p w}{L^2} & 0 \\ i\dfrac{J_p w}{L^2} & -i\dfrac{J_p w}{L^2} & 0 \\ 0 & 0 & c \end{bmatrix} \tag{3-32}$$

3.2.5　稳定性问题的求解方法

当 $F(t)=0$ 时，方程（3-26）可改写为：

$$[M]\{\ddot{r}\} + [C]\{\dot{r}\} + [K]\{r\} = 0 \tag{3-33}$$

这实际上是一个典型的二阶齐次线性微分方程组，方程组描述的是刚性转子-支承系统动力学系统的自由振动问题。通过求解该方程，可以获得该系统的模态频率、模态衰减系数和模态振型，并对各阶振动模态的稳定性进行判断。

由方程（3-33）可得：

$$\begin{Bmatrix} \ddot{r} \\ \dot{r} \end{Bmatrix} = \begin{bmatrix} -M^{-1}C & -M^{-1}K \\ I & 0 \end{bmatrix} \cdot \begin{Bmatrix} \dot{r} \\ r \end{Bmatrix} \tag{3-34}$$

令：

$$\{Q\} = \begin{Bmatrix} \dot{r} \\ r \end{Bmatrix} \tag{3-35}$$

$$[A] = \begin{bmatrix} -M^{-1}C & -M^{-1}K \\ I & 0 \end{bmatrix} \tag{3-36}$$

则方程（3-34）转化为：

$$[A]\{Q\} = \{\dot{Q}\} \tag{3-37}$$

设方程（3-34）的解为：

$$\{Q\} = \{U\} \cdot e^{\lambda t} \tag{3-38}$$

代入方程（3-34）中得：

$$[A]\{Q\} = \lambda\{Q\} \tag{3-39}$$

这里，λ 为 $[A]$ 的特征值，$\{Q\}$ 为 $[A]$ 的特征向量。

求得所需要的 $[A]$ 的特征值和特征向量即得到振动问题的解。得到振动问题的解为

$$\{Q\} = \sum D_j \{U\}_j \cdot e^{\lambda_j t} \tag{3-40}$$

其中 D_j 为加权系数，λ_j 为复数，形式为：

$$\lambda_j = -n_j \pm i\omega_j,\ j = 1,\ 2,\ \cdots,\ 6 \tag{3-41}$$

其中 $\{U\}_j$ 为模态振型，n_j 为模态阻尼，ω_j 为模态频率（角频率）。

令：

$$\zeta_j = \frac{n_j}{\omega_j} \tag{3-42}$$

通过计算可以得到 [A] 的不重复的特征值有六个，它们分别对应转子-支承系统的三阶正进动模态和三阶反进动模态。

3.2.6 瞬态响应问题的求解方法

当 $F(t) \neq 0$ 时，方程（3-26）描述的实际上是一个典型的强迫振动问题，它是一个二阶非齐次线性微分方程组。采用数值方法进行求解时通常引入中间变量，对方程进行降阶处理，将其降阶为一阶微分方程进行求解。

具体处理方法见方程（3-43）。

$$\begin{cases} [M]\{\dot{r}_m\} + [C]\{\dot{r}\} + [K]\{r\} = F(t) \\ \{\dot{r}\} = \{r_m\} \end{cases} \tag{3-43}$$

对于方程（3-43）所描述的瞬态响应问题进行求解，可采用常用的一阶微分方程组求解方法，例如龙格-库塔方法、欧拉法等。目前，转子的该类问题求解所应用的最为广泛的求解方法为高阶龙格-库塔方法。这里给出四阶龙格-库塔方法的递推公式（3-44）式。

在实际瞬态响应问题求解过程中，各量的初始值可按照实际问题进行设置，如果只需要计算不平衡质量引起的强迫振动幅值响应，则可将各个量的初始值统一设置为零，设置足够长的时间，最终可获得较为稳定的强迫振动响应求解结果。

$$y_{n+1} = y_n + \frac{1}{6}(k_1 + 2k_2 + 2k_3 + k_4) \tag{3-44}$$

其中，

$$\begin{cases} k_1 = \Delta t f(t_n,\ y_n) \\ k_2 = \Delta t f(t_n + \frac{1}{2}\Delta t,\ y_n + \frac{1}{2}k_1) \\ k_3 = \Delta t f(t_n + \frac{1}{2}\Delta t,\ y_n + \frac{1}{2}k_2) \\ k_4 = \Delta t f(t_n + \Delta t,\ y_n + k_3) \end{cases} \tag{3-45}$$

3.2.7 稳定性分析算例

(1) 算例参数

以上述单圆盘刚性转子稳定性分析为例，介绍进行稳定性问题的具体计算过程。算例采用的主要计算参数如表 3-1 所示。

表 3-1　刚性转子稳定性分析算例参数

参数名称	单位	取值
转速	r/min	5 000
转子质量 m	kg	5.2
转子长度 L	m	0.25
轴转动惯量 J_p	kgm^2	0.028
直径转动惯量 J_d	kgm^2	0.019
磁轴承径向刚度 K_1	N/m	5 000
细轴径向刚度 K_2	N/m	20 000
阻尼体等效质量 m_d	kg	0.15
阻尼体径向刚度 K_3	N/m	5 000
阻尼器等效粘性阻尼系数 c	Ns/m	200

（2）模态频率和模态阻尼

按照上述章节给出的计算方法计算得到转子在 5 000 r/min 转速时的模态频率和模态阻尼比如表 3-2 所示。

表 3-2　工作转速下稳定性分析结果

	模态频率/Hz	衰减系数/s^{-1}
阻尼体正进动	0.103	190
阻尼体反进动	1.50	0.256
系统一阶正进动（转子平动）	7.37	2.06
系统一阶反进动（转子平动）	6.58	2.14
系统二阶正进动（转子摆动）	127	0.336
系统二阶反进动（转子摆动）	3.65	17.2

从上述计算结果可以看出，转子-支承系统各阶模态频率计算结果实部均为负值，说明每阶进动均是随时间不断衰减的，系统是稳定的。其中，模态阻尼比数值最小的是二阶正进动模态。在后续的转子动力学稳定性优化计算中可以看到，该类刚性转子的高周运转稳定性主要需要关注的便是二阶正进动对应的模态阻尼比。

（3）模态振型

计算得到上述各阶模态对应的振型如图 3-3 至图 3-5 所示。其中，一阶进动模态主要表现为转子平动，二阶进动模态主要表现为转子摆动，阻尼体进动模态主要表现为阻尼体摆动。

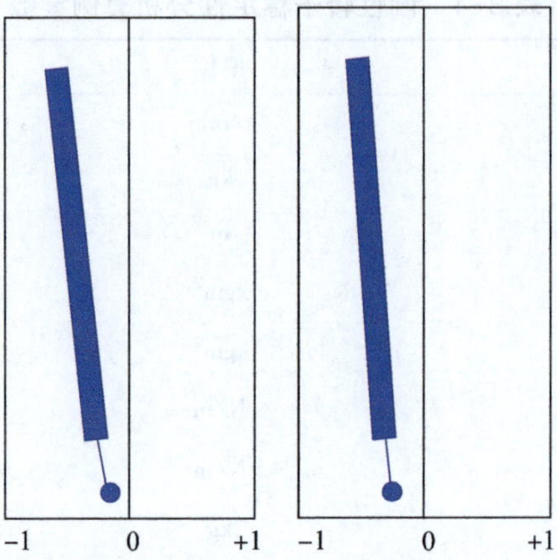

（a）一阶正进动　　（b）一阶反进动

图 3-3　转子-支承系统一阶进动模态振型

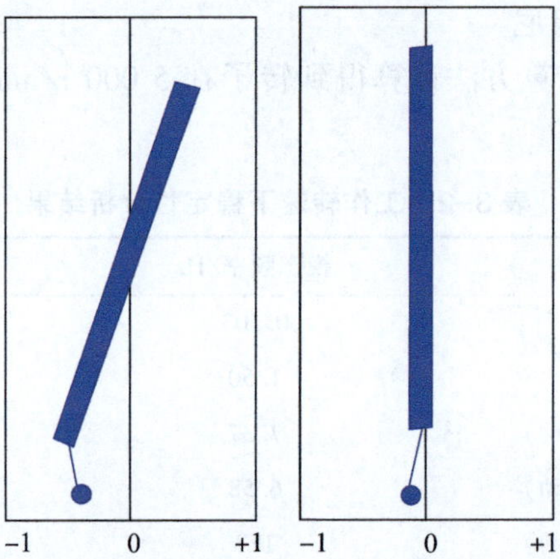

（a）一阶正进动　　（b）一阶反进动

图 3-4　转子-支承系统二阶进动模态振型

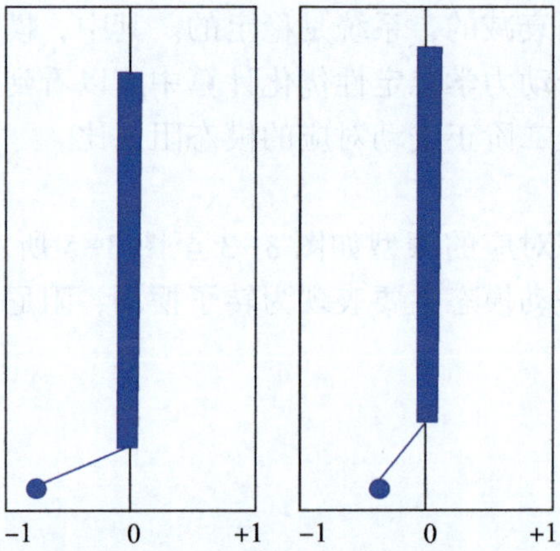

（a）阻尼体正进动　　（b）阻尼体反进动

图 3-5　阻尼体振动模态振型

（4）Campbell 图

在不同转速下计算转子各阶模态频率，可以得到各阶模态频率随着转速变化的曲线，这一系列曲线形成的图像即为转子系统的 Campbell 图。

通过计算得到算例参数下，转子系统的 Campbell 图如图 3-6 所示。该图表明，由于陀螺效应的存在，系统的正进动频率随转速升高而增加，反进动频率随转速升高而减小。其中受陀螺效应影响最为明显的是转子的二阶进动模态。

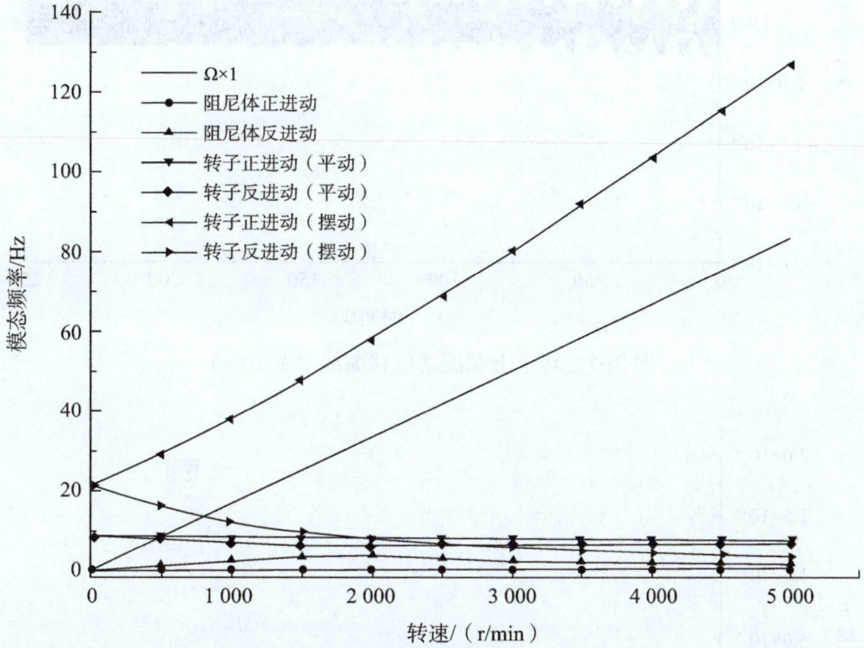

图 3-6　转子-支承系统 Campbell 图

3.2.8　转子的强迫振动响应计算

按照上文中的给出的方法进行转子强迫振动问题分析。由于转子自身存在的失衡量，转子在升速过程中和工作转速稳定运行过程中均会伴随不平衡振动。本算例中，转子振动位移初值均设置为 0，转子上下端各设置一定的等效不平衡质量，且假设不平衡质量分布在同一相位。在 5 000 r/min 转速下，转子从启动计算的初始状态逐渐过渡到最终稳定运行状态过程的振动规律如图 3-7 至图 3-9 所示。

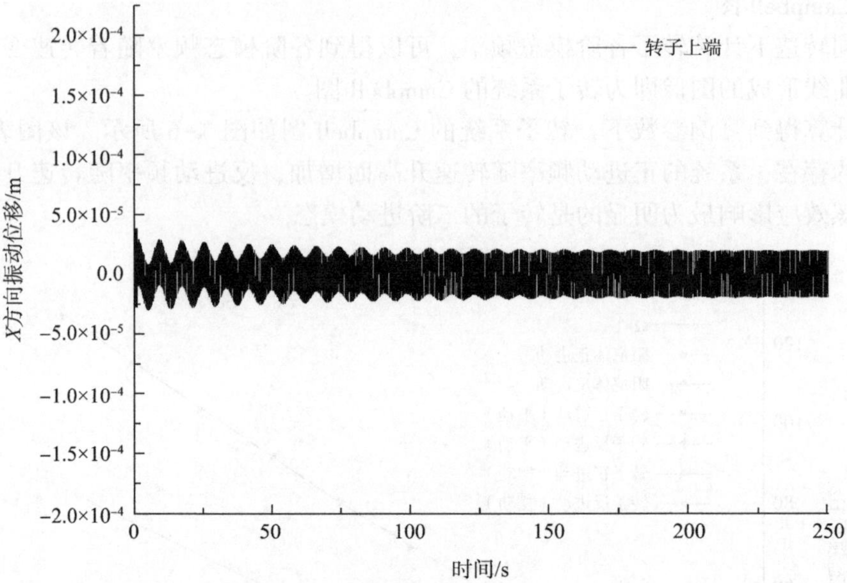

图 3-7　转子上端振动位移曲线（X 方向）

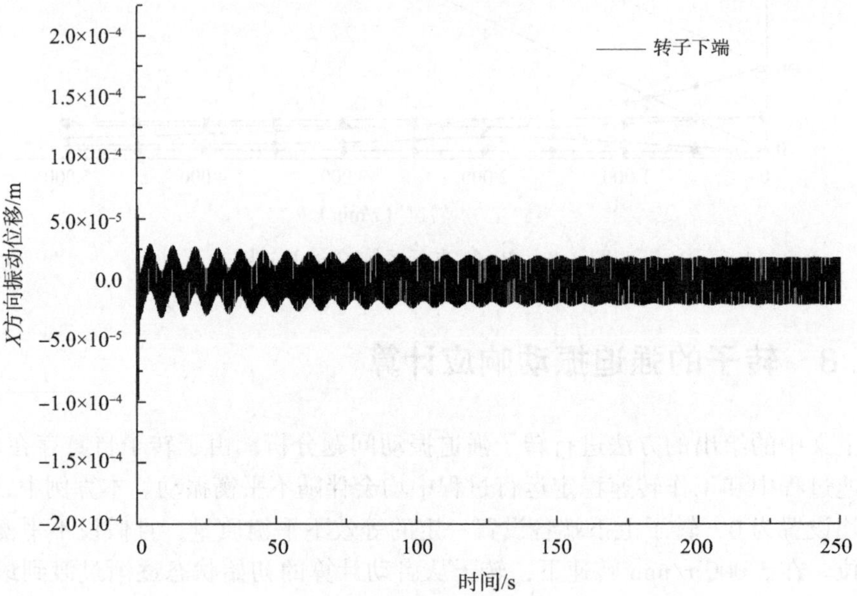

图 3-8　转子下端振动位移曲线（X 方向）

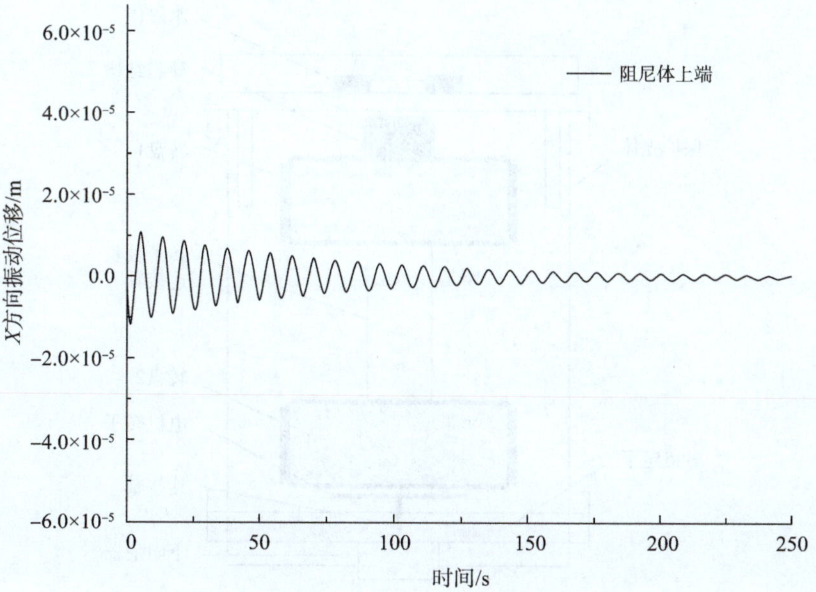

图 3-9　阻尼体上端振动位移曲线（X 方向）

由图 3-9 可以看出，在算例参数下转子工作转速下达到稳定运行状态时的不平衡振动幅值保持恒定。根据转子动力学理论，对于转子转动频率远高于支承系统的临界频率的稳定转动刚性转子，其振动幅值趋近于不平衡质量引起的偏心距 e。这种“自动定心”现象实际上从某种程度上决定了对于一个柔性支承的刚性转子，支承参数在有限范围内的变化对转子的不平衡振动幅值响应不会产生明显的影响。

3.3　柔性转子动力学分析算例

3.3.1　研究对象

以细长轴连接双圆盘转子-支承系统为算例研究对象，介绍柔性转子动力学分析的典型过程，计算模型示意图如图 3-10 所示。

在该类模型中上下两个圆盘均表现出刚性特点，转子柔性主要来自于细长轴，在本书中涉及柔性转子的算例中，转子采用立式支承形式，上下两端为柔性支承，具体形式如下：

（1）上支承：采用永磁轴承方案，如图 3-11 所示，其定子部分即永磁体采用悬丝悬吊于阻尼器内部，阻尼器内采用阻尼油填充，当永磁体在水平方向运动时，阻尼油将起到消耗其运动能量的作用，从而达到阻尼效果。

（2）下支承：采用细轴及摆式油阻尼器配合方案，与上文刚性转子支承情况类似。

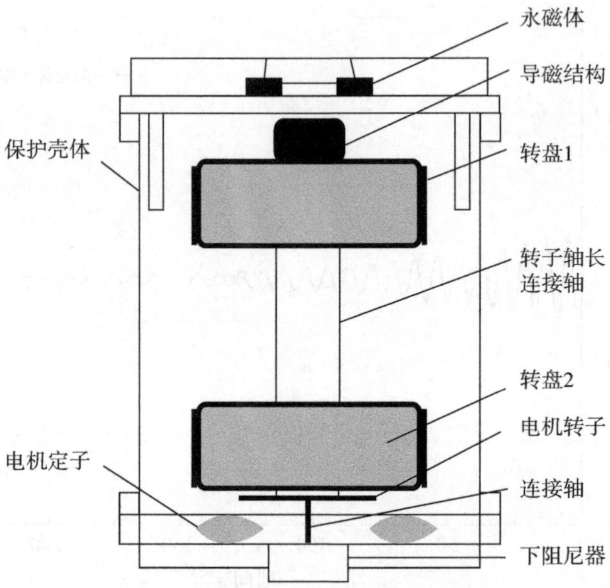

图 3-10　柔性转子-支承系统示意图

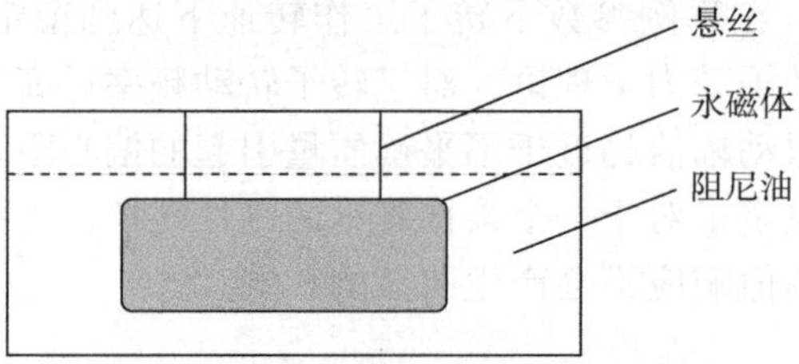

图 3-11　悬吊式上阻尼器结构示意图

3.3.2　简化假设

对于上述柔性转子，为了实现建模分析，采用类似于刚性转子动力学分析的各类简化、假设，主要包括下述几个方面：

（1）柔性连接刚性转子段假设：将转子等效为弯曲刚度单元连接的两个刚性转子段，每段转子均具有刚体属性。

（2）运动模式和线性化假设：假设转子及阻尼体振动均为微幅振动，且只考虑径向振动，不考虑沿着转子轴向的运动。在转子微幅振动情况下，可认为所有弹性、粘性结构均为线性特点，各类线刚度、弯曲刚度和阻尼系数等参数均为常数。

（3）上支承阻尼器简化假设：采用刚体质量块模拟磁钢及附属结构，考虑了阻尼油施加给该结构的附加质量，该质量块受悬吊结构的横向刚度约束、受到阻尼油的阻尼力作用、受到转子磁力作用，采用线性弹簧单元代表径向刚度约束，采用等效粘性阻尼单元代表由阻尼油产生的阻尼作用。

（4）转子细长轴模型简化假设：对于连接上、下两个转子段的细长连接轴，采用线性弯曲刚度单元进行简化处理，在计算过程中考虑细长轴自身的内阻尼作用，而不考虑细长轴剪切效应。

（5）细轴模型简化假设：对于下支承中的支承细轴，由于其质量与尺寸远小于转子，因而忽略其质量属性和结构尺寸，采用线性线刚度单元进行简化。

（6）细轴与阻尼体上端部连接配合简化假设：认为细轴端部和阻尼体上端部之间始终紧密接触，二者之间无轴向及径向的相对运动或相对滑动，因而将二者自由度耦合处理，这种简化假设在该类支承系统分析计算时被广泛采用，是一种简捷、有效的等效处理方法。

（7）下支承阻尼器简化假设：与上支承阻尼器简化方法类似，采用线性化假设方法，包含等效集中质量、径向刚度和等效粘性阻尼系数三个参数。

3.3.3　物理模型

根据上述简化假设，建立细长轴连接双圆盘柔性转子−支承系统物理模型如图 3−12 所示。

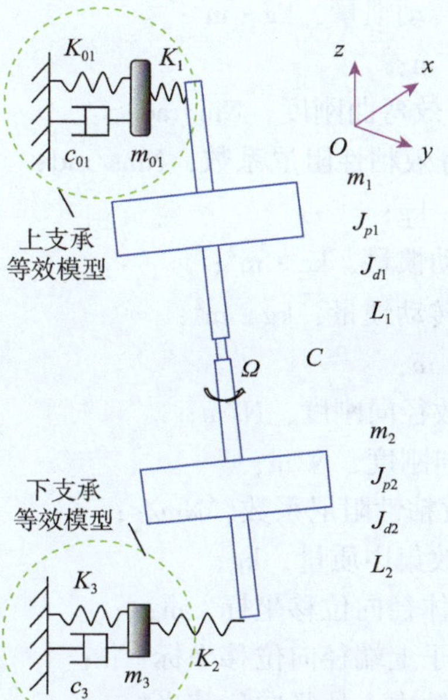

图 3−12　两端支承双圆盘转子−支承系统模型

3.3.4　数学模型

和上文刚性转子算例类似，对于图 3−12 所示的物理模型，采用集中参数法建立其数学模型。首先给出模型对应的动能、势能、耗散能的完整表达式，其次根据第二类拉格朗日方程写出系统各个广义坐标对应的微分方程，最后通过微分方程的联立求解可以获得系统的模态分析结果、动力学响应等。

利用拉格朗日方法建立上述转子-支承系统的动力学方程形式如下：

$$[M]\{\ddot{q}\} + [C]\{\dot{q}\} + [K]\{q\} = \{F\} \tag{3-46}$$

其中，$[M]$ ——质量矩阵，10×10；

$[C]$ ——阻尼矩阵，10×10；

$[K]$ ——刚度矩阵，10×10；

$\{q\}$ ——广义坐标列向量；

$\{F\}$ ——广义力列向量，本例中主要考虑转子不平衡质量引起的离心力；

算例中采用的符号含义统一列示如下：

Ω——转子转动角速度，rad/s；

K_{01}——上支承阻尼器径向刚度，N/m；

c_{01}——上支承阻尼器等效黏性阻尼系数，Nm/s；

K_1——磁轴承径向刚度，N/m；

m_{01}——上支承阻尼体等效质量，kg；

m_1——第一节转子质量，kg；

J_{p1}——第一节转子轴转动惯量，kg · m^2；

J_{d1}——第一节转子直径转动惯量，kg · m^2；

L_1——第一节转子长度，m；

C——转子细长连接轴等效弯曲刚度，Nm/rad；

c_M——转子细长轴连接等效粘性阻尼系数，Nms/rad；

m_2——第二节转子质量，kg；

J_{p2}——第二节转子轴转动惯量，kg · m^2；

J_{d2}——第二节转子直径转动惯量，kg · m^2；

L_2——第二节转子长度，m；

K_2——下支承连接轴等效径向刚度，N/m；

K_3——下支承阻尼器径向刚度，N/m；

c_3——下支承阻尼器等效粘性阻尼系数，Nm/s；

m_3——下支承阻尼体等效集中质量，kg；

(x_1, y_1) ——上端阻尼体径向位移坐标，m；

(x_2, y_2) ——第一节转子上端径向位移坐标，m；

(x_3, y_3) ——转子细长轴中点处径向位移坐标，m；

(x_4, y_4) ——第二节转子下端径向位移坐标，m；

(x_5, y_5) ——下端阻尼体顶端径向位移坐标，m。

采用数值计算软件（如 Matlab 软件）进行分析，计算得到质量矩阵、阻尼矩阵和刚度矩阵如下。

质量矩阵第 1~5 列：

$$
\begin{bmatrix}
m_{01} & 0 & 0 & 0 & 0 \\
0 & \dfrac{m_1}{4}+\dfrac{J_{d1}}{{L_1}^2} & \dfrac{m_1}{4}-\dfrac{J_{d1}}{{L_1}^2} & 0 & 0 \\
0 & \dfrac{m_1}{4}-\dfrac{J_{d1}}{{L_1}^2} & \dfrac{m_1}{4}+\dfrac{m_2}{4}+\dfrac{J_{d1}}{{L_1}^2}+\dfrac{J_{d2}}{{L_2}^2} & \dfrac{m_2}{4}-\dfrac{J_{d2}}{{L_2}^2} & 0 \\
0 & 0 & 0 & \dfrac{m_2}{4}+\dfrac{J_{d2}}{{L_2}^2} & 0 \\
0 & 0 & 0 & 0 & m_4 \\
0 & 0 & 0 & 0 & 0 \\
0 & 0 & 0 & 0 & 0 \\
0 & 0 & 0 & 0 & 0 \\
0 & 0 & 0 & 0 & 0 \\
0 & 0 & 0 & 0 & 0
\end{bmatrix} \tag{3-47}
$$

质量矩阵第 6~10 列：

$$
\begin{bmatrix}
0 & 0 & 0 & 0 & 0 \\
0 & 0 & 0 & 0 & 0 \\
0 & 0 & 0 & 0 & 0 \\
0 & 0 & 0 & 0 & 0 \\
0 & 0 & 0 & 0 & 0 \\
m_{01} & 0 & 0 & 0 & 0 \\
0 & \dfrac{m_1}{4}+\dfrac{J_{d1}}{{L_1}^2} & \dfrac{m_1}{4}-\dfrac{J_{d1}}{{L_1}^2} & 0 & 0 \\
0 & \dfrac{m_1}{4}-\dfrac{J_{d1}}{{L_1}^2} & \dfrac{m_1}{4}+\dfrac{m_2}{4}+\dfrac{J_{d1}}{{L_1}^2}+\dfrac{J_{d2}}{{L_2}^2} & \dfrac{m_2}{4}-\dfrac{J_{d2}}{{L_2}^2} & 0 \\
0 & 0 & \dfrac{m_2}{4}-\dfrac{J_{d2}}{{L_2}^2} & \dfrac{m_2}{4}+\dfrac{J_{d2}}{{L_2}^2} & 0 \\
0 & 0 & 0 & 0 & m_4
\end{bmatrix} \tag{3-48}
$$

刚度矩阵第 1~5 列：

$$\begin{bmatrix} K_1+K_{01} & -K_1 & 0 & 0 & 0 \\ -K_1 & K_1+\dfrac{C}{{L_1}^2} & -\dfrac{C}{L_1}\left(\dfrac{1}{L_1}+\dfrac{1}{L_2}\right) & \dfrac{C}{L_1L_2} & 0 \\ 0 & -\dfrac{C}{L_1}\left(\dfrac{1}{L_1}+\dfrac{1}{L_2}\right) & C\left(\dfrac{1}{L_1}+\dfrac{1}{L_2}\right)^2 & -\dfrac{C}{L_2}\left(\dfrac{1}{L_1}+\dfrac{1}{L_2}\right) & 0 \\ 0 & \dfrac{C}{L_1L_2} & -\dfrac{C}{L_1}\left(\dfrac{1}{L_1}+\dfrac{1}{L_2}\right) & K_2+\dfrac{C}{{L_2}^2} & -K_2 \\ 0 & 0 & 0 & -K_2 & K_2+K_3 \\ 0 & 0 & 0 & 0 & 0 \\ 0 & -\dfrac{c_M\Omega}{{L_1}^2} & \dfrac{c_M\Omega}{L_1}\left(\dfrac{1}{L_1}+\dfrac{1}{L_2}\right) & -\dfrac{c_M\Omega}{L_1L_2} & 0 \\ 0 & \dfrac{c_M\Omega}{L_1}\left(\dfrac{1}{L_1}+\dfrac{1}{L_2}\right) & -c_M\Omega\left(\dfrac{1}{L_1}+\dfrac{1}{L_2}\right)^2 & \dfrac{c_M\Omega}{L_2}\left(\dfrac{1}{L_1}+\dfrac{1}{L_2}\right) & 0 \\ 0 & -\dfrac{c_M\Omega}{L_1L_2} & \dfrac{c_M\Omega}{L_2}\left(\dfrac{1}{L_1}+\dfrac{1}{L_2}\right) & -\dfrac{c_M\Omega}{{L_2}^2} & 0 \\ 0 & 0 & 0 & 0 & 0 \end{bmatrix} \tag{3-49}$$

刚度矩阵第 6~10 列：

$$\begin{bmatrix} 0 & 0 & 0 & 0 & 0 \\ 0 & \dfrac{c_M\Omega}{{L_1}^2} & -\dfrac{C}{L_1}\left(\dfrac{1}{L_1}+\dfrac{1}{L_2}\right) & \dfrac{c_M\Omega}{L_1L_2} & 0 \\ 0 & -\dfrac{C}{L_1}\left(\dfrac{1}{L_1}+\dfrac{1}{L_2}\right) & c_M\Omega\left(\dfrac{1}{L_1}+\dfrac{1}{L_2}\right)^2 & -\dfrac{C}{L_2}\left(\dfrac{1}{L_1}+\dfrac{1}{L_2}\right) & 0 \\ 0 & \dfrac{c_M\Omega}{L_1L_2} & -\dfrac{c_M\Omega}{L_2}\left(\dfrac{1}{L_1}+\dfrac{1}{L_2}\right) & \dfrac{c_M\Omega}{{L_2}^2} & 0 \\ 0 & 0 & 0 & 0 & 0 \\ K_1+K_{01} & -K_1 & 0 & 0 & 0 \\ -K_1 & K_1+\dfrac{C}{{L_1}^2} & -\dfrac{C}{L_1}\left(\dfrac{1}{L_1}+\dfrac{1}{L_2}\right) & \dfrac{C}{L_1L_2} & 0 \\ 0 & -\dfrac{C}{L_1}\left(\dfrac{1}{L_1}+\dfrac{1}{L_2}\right) & C\left(\dfrac{1}{L_1}+\dfrac{1}{L_2}\right)^2 & -\dfrac{C}{L_2}\left(\dfrac{1}{L_1}+\dfrac{1}{L_2}\right) & 0 \\ 0 & \dfrac{C}{L_1L_2} & -\dfrac{C}{L_2}\left(\dfrac{1}{L_1}+\dfrac{1}{L_2}\right) & K_2+\dfrac{C}{{L_2}^2} & -K_2 \\ 0 & 0 & 0 & -K_2 & K_2+K_3 \end{bmatrix} \tag{3-50}$$

阻尼矩阵第 1~5 列：

$$\begin{bmatrix} c_{01} & 0 & 0 & 0 & 0 \\ 0 & -\dfrac{c_M}{L_1{}^2} & -\dfrac{c_M}{L_1}\left(\dfrac{1}{L_1}+\dfrac{1}{L_2}\right) & \dfrac{c_M}{L_1 L_2} & 0 \\ 0 & -\dfrac{c_M}{L_1}\left(\dfrac{1}{L_1}+\dfrac{1}{L_2}\right) & c_M\left(\dfrac{1}{L_1}+\dfrac{1}{L_2}\right)^2 & -\dfrac{c_M}{L_2}\left(\dfrac{1}{L_1}+\dfrac{1}{L_2}\right) & 0 \\ 0 & \dfrac{c_M}{L_1 L_2} & -\dfrac{c_M}{L_2}\left(\dfrac{1}{L_1}+\dfrac{1}{L_2}\right) & \dfrac{c_M}{L_2{}^2} & 0 \\ 0 & 0 & 0 & 0 & c3 \\ 0 & 0 & 0 & 0 & 0 \\ 0 & -\dfrac{\Omega J_{p1}}{L_1{}^2} & \dfrac{\Omega J_{p1}}{L_1{}^2} & 0 & 0 \\ 0 & -\dfrac{\Omega J_{p2}}{L_2{}^2} & -\dfrac{\Omega J_{p1}}{L_1{}^2}-\dfrac{\Omega J_{p2}}{L_2{}^2} & \dfrac{\Omega J_{p2}}{L_2{}^2} & 0 \\ 0 & 0 & \dfrac{\Omega J_{p2}}{L_2{}^2} & -\dfrac{\Omega J_{p2}}{L_2{}^2} & 0 \\ 0 & 0 & 0 & 0 & 0 \end{bmatrix} \tag{3-51}$$

阻尼矩阵第 6~10 列：

$$\begin{bmatrix} 0 & 0 & 0 & 0 & 0 \\ 0 & \dfrac{\Omega J_{p1}}{L_1{}^2} & -\dfrac{\Omega J_{p1}}{L_1{}^2} & 0 & 0 \\ 0 & -\dfrac{\Omega J_{p1}}{L_1{}^2} & \dfrac{\Omega J_{p1}}{L_1{}^2}+\dfrac{\Omega J_{p2}}{L_2{}^2} & -\dfrac{\Omega J_{p2}}{L_2{}^2} & 0 \\ 0 & 0 & -\dfrac{\Omega J_{p2}}{L_2{}^2} & \dfrac{\Omega J_{p2}}{L_2{}^2} & 0 \\ 0 & 0 & 0 & 0 & 0 \\ c_{01} & 0 & 0 & 0 & 0 \\ 0 & \dfrac{c_M}{L_1{}^2} & -\dfrac{c_M}{L_1}\left(\dfrac{1}{L_1}+\dfrac{1}{L_2}\right) & \dfrac{c_M}{L_1 L_2} & 0 \\ 0 & -\dfrac{c_M}{L_1}\left(\dfrac{1}{L_1}+\dfrac{1}{L_2}\right) & c_M\left(\dfrac{1}{L_1}+\dfrac{1}{L_2}\right)^2 & -\dfrac{c_M}{L_2}\left(\dfrac{1}{L_1}+\dfrac{1}{L_2}\right) & 0 \\ 0 & \dfrac{c_M}{L_1 L_2} & -\dfrac{c_M}{L_2}\left(\dfrac{1}{L_1}+\dfrac{1}{L_2}\right) & \dfrac{c_M}{L_2{}^2} & 0 \\ 0 & 0 & 0 & 0 & c_3 \end{bmatrix} \tag{3-52}$$

3.3.5 算例参数

这里，给出一个柔性转子支承系统动力学计算的例子，算例中转子的基本参数如表 3-3 所示，上、下支承的基本参数如表 3-4 所示。

表 3-3 转子结构及物理属性参数

项目	单位	参数值
第 1 节转子长度 L_1	m	1.5
第 2 节转子长度 L_2	m	1.5
第 1 节转子质量 M_1	kg	4.0
第 2 节转子质量 M_2	kg	4.0
第 1 节转子轴转动惯量 J_{p1}	kg · m²	0.013
第 2 节转子轴转动惯量 J_{p2}	kg · m²	0.013
第 2 节转子直径转动惯量 J_{d1}	kg · m²	0.15
第 2 节转子直径转动惯量 J_{d2}	kg · m²	0.15
细长轴弯曲刚度	N · m/rad	1 500
转子转速	rad/min	3 600

表 3-4 支承参数列表

项目	单位	参数值
上支承阻尼器等效质量 m_{01}	g	500
上支承阻尼器阻尼系数 c_{01}	N · s/m	200
上支承阻尼器径向刚度 K_{01}	N/m	2 000
磁轴承径向刚度 K_1	N/m	2 000
下支承连接细轴径向刚度 K_2	N/m	10 000
下支承阻尼器径向刚度 K_3	N/m	2 000
下支承阻尼器阻尼系数 c_3	N · s/m	200
下支承阻尼体等效质量 m_3	g	500

需要说明的是在研究各个参数变化对动力学响应的影响规律时会在上述参数取值的附近对参数值进行调整。

按照上述算例参数设置算例，对转子-支承系统进行转子动力学分析，主要关注稳态和瞬态两类问题，其中稳态问题主要关注转子在高速运行状态下的稳定性问题，瞬态问题主要关注转子在升周过程中尤其是在通过系统临界转速和转子一弯临界转速时的振动响应问题。

在前序章节中已经介绍过，对于稳态问题的研究思路是在特定转速下，采用动力学方程组进行模态分析，计算得到系统的各阶模态频率和模态阻尼，进而换算得到各阶模态阻尼比，通过模态阻尼比的数值大小来判定转子运行稳定性的强弱。而对于瞬态问题的研究思路是模拟转子以恒定加速升速启动的过程，通过数学算法捕捉到转子在不同升速阶段的振幅极值，并重点关注这两个振幅极值：一是过系统临界的振动幅值，二是过转子一弯临界的振动幅值。

本算例主要给出稳定性问题分析过程，对于瞬态响应问题分析可参照刚性转子算例进行类似的计算。在实际工程设计过程中，有时只需要设置下支承阻尼器，为了给出上支承阻尼器对柔性支承转子系统的动力学特性的影响情况，下文计算过程中同时考虑了有、无上支承阻尼器这两种情况。

3.3.6　计算结果

（1）无上支承阻尼器情况

首先计算无上支承阻尼器情况下转子-支承系统的动力学特性，在该算例中，上支承的结构形式与前序章节中刚性转子算例中的上支承形式相同，永磁体固定在保护壳体上部。该情况下通过稳定性分析得到系统的 Campbell 图和各阶模态振型示意图见图 3-13。

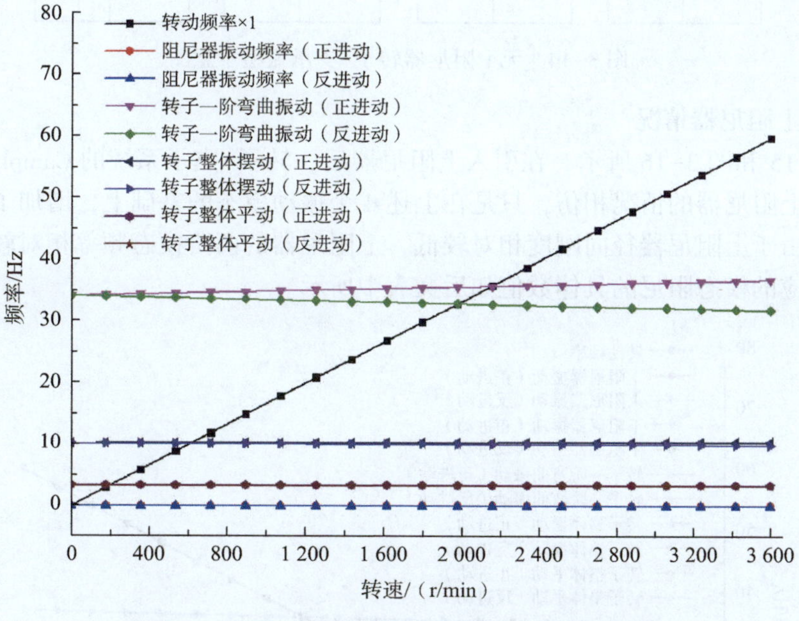

图 3-13　无上阻尼器转子-支承系统 Campbell 图

图 3-13 给出了无上阻尼器情况下转子支承系统 Campbell 图，可以看出，无上阻尼器的转子-支承系统主要有四阶振动模态，其中每阶模态均包含正进动和反进动两种振动形式，转子支承系统的模态主要包括：转子整体平动（正进动）、转子整体平动（反进动）、转子整体摆动（正进动）、转子整体摆动（反进动）、转子一阶弯曲振动（正进动）、转子一阶弯曲振动（反进动）、下阻尼器摆动（正进动）、下阻尼器摆动（反进动）。

由于陀螺效应的存在，在上述计算结果中各阶正进动模态频率随转速升高而增大，各阶反进动模态频率随转速升高而减小。从图中可以看出，受陀螺效应影响最为显著的是转子整体摆动模态和转子一阶弯曲振动模态。

图 3-14 依次给出了无上阻尼情况下转子支承系统的 4 阶振型示意图。图中，①代表的是下阻尼器上端点；②代表转子下端点；③代表转子中点；④代表转子上端点。

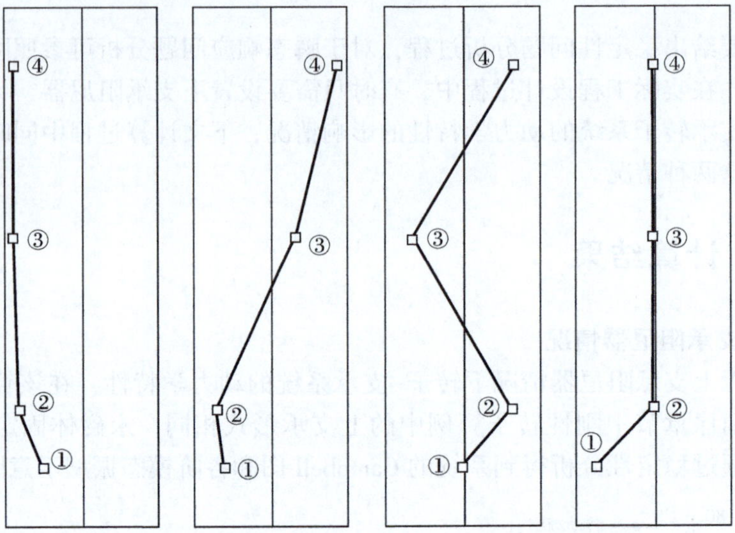

图 3-14 无上阻尼器转子-支承振型示意图

(2) 有上阻尼器情况

如图 3-15 和图 3-16 所示，在引入上阻尼器后，转子-支承系统的 Campbell 图表现形式与未引入上阻尼器的情况相仿，只是在上述 4 个振动模态的基础上，增加了上阻尼器的模态频率，由于上阻尼器径向刚度相对较低，上阻尼器的两阶模态频率相对较低。各阶模态频率和对应的模态阻尼的具体数值如后文表中所示。

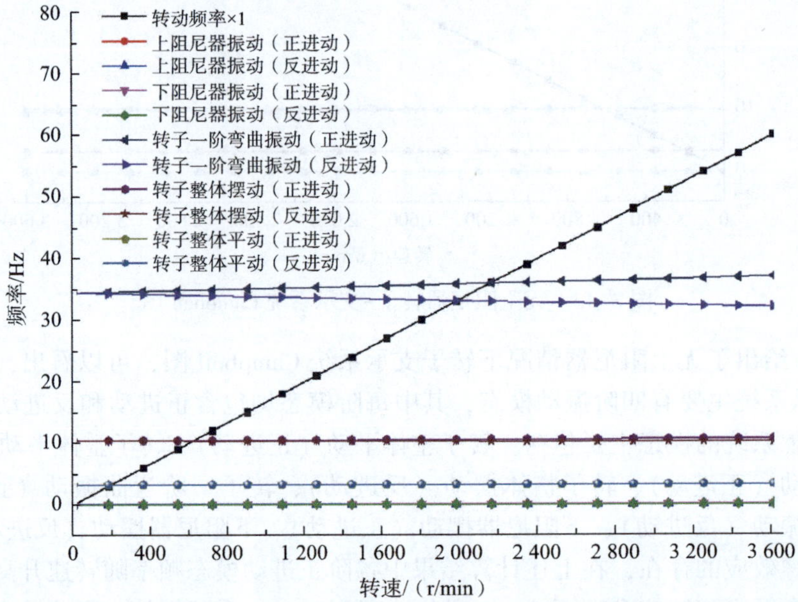

图 3-15 有上阻尼器转子-支承系统 Campbell 图

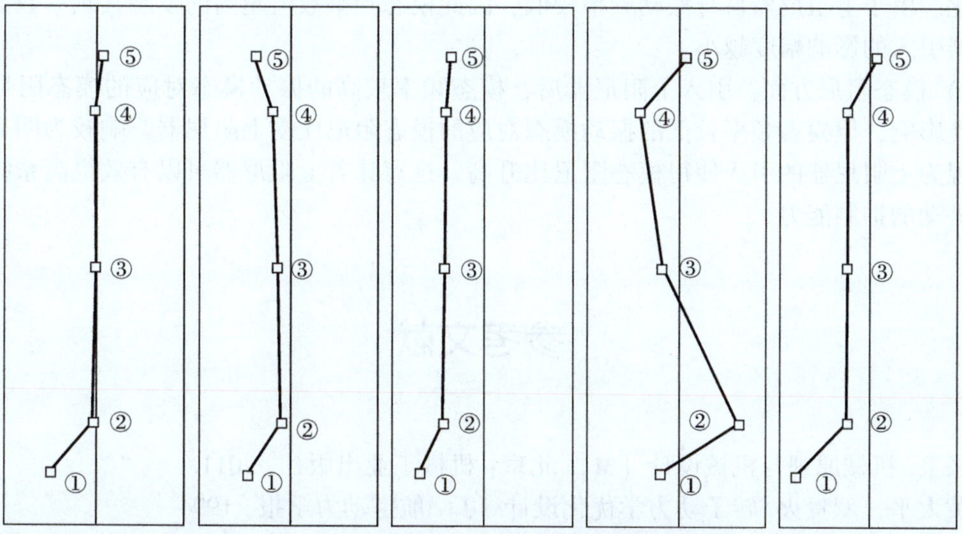

图 3-16　有上阻尼器转子-支承振型示意图

(3) 结果对比

为了具体研究引入上阻尼器对转子-支承系统动力学特性的影响情况，这里给出了有、无上阻尼器两种情况下，转子-支承系统的各阶模态频率以及模态阻尼比的具体数值比较，如表 3-5 所示。

表 3-5　两种情况下系统稳定性分析结果（转速 3 600 r/min）

模态振型振型	设置上阻尼器情况		不设置上阻尼器情况	
	模态频率/Hz	衰减系数/(1/s)	模态频率/Hz	衰减系数/(1/s)
转子一阶弯曲（正）	37.0	1.68	36.9	1.64
转子一阶弯曲（反）	32.0	2.16	32.0	2.13
转子整体摆动（正）	10.6	2.19	10.5	1.89
转子整体摆动（反）	10.1	2.05	10.0	1.72
转子整体平动（正）	3.24	0.71	3.44	0.277
转子整体平动（反）	3.20	0.67	3.39	0.251
下阻尼器振动（正）	0.086	53.9	0.087	53.9
下阻尼器振动（反）	0.013	1.92	0.016	1.89
上阻尼器振动（正）	0.002 8	61.2	—	—
下阻尼器振动（反）	0.005 6	0.862 2	—	—

上述计算结果表明，当引入上阻尼器后，转子-支承系统出现了上阻尼器的两个振动模态，其模态和未引入阻尼器的情况总体保持一致。具体表现如下：

1）模态频率方面：引入上阻尼器后，除增加两个振动模态以外，其余模态频率有小幅变化。由于上阻尼器自身振动频率较低，因此模态频率数值越高的模态其频率数值受上阻尼器引入的影响幅度越小。

2）模态阻尼方面：引入上阻尼器后，模态频率较高的振动模态对应的模态阻尼比基本不受影响，但模态频率较低的振动模态对应的模态阻尼比受上阻尼器影响较为明显，主要表现为上阻尼器的引入使得模态阻尼比升高，这意味着上阻尼器可以有效提高系统对于低频进动的抑制能力。

参考文献

[1] 张策. 机械原理与机械设计 [M]. 北京：机械工业出版社，2011.
[2] 黄太平，罗贵火. 转子动力学优化设计 [J]. 航空动力学报，1994.

第4章　基于有限元模型的转子动力学分析方法

4.1　引论

自20世纪60年代开始，机械工程领域中商业有限元软件逐渐兴起。至20世纪80年代，随着计算机技术的发展，大型商业软件在航空、航天和核能等高端领域逐渐得到广泛应用。目前，有限元分析方法已经成为机械工程领域进行转子动力学分析和参数匹配性设计的主流方法，其中应用较多的主要为ANSYS软件和SAMCEF ROTOR软件。相比于传统数值方法，基于大型商业软件的有限元分析方法具有建模精度高、求解自动化程度高和计算结果后处理便捷等优势，对于复杂系统的动力学问题求解表现出强大的适应能力。鉴于有限元方法在转子动力学分析中发挥的重要作用，本章以ANSYS软件为例，介绍了采用有限元技术进行转子动力学分析的详细求解流程和方法。实际上，不同商业有限元软件进行转子动力学分析的基本思想及流程具有很强的相似性。ANSYS软件对于刚性转子和柔性转子动力学问题分析均具有适用。

4.2　有限元法转子动力学分析的流程与方法

在机械工程领域，有限元方法是进行各类静力学和动力学分析的常用方法。随着计算机技术的不断进步以及各种有限元软件功能和计算能力的不断完善，有限元方法在方案分析、设计优化、非线性问题求解等方面扮演着越来越重要的角色。近年来，有限元方法在高速旋转机械转子动力学分析领域的应用案例也不断涌现。

采用有限元方法进行转子动力学分析的一般流程如图4-1所示。其中，前四个步骤一般在软件的前处理器中进行，最后一个步骤一般在软件的后处理器中进行，中间的四个步骤一般在软件的求解模块中进行。特别说明，对于诸如ANSYS之类的有限元软件，几何模型建立过程也可以采用在其他的CAE软件中预先建立好，利用模型导入的方式导进有限元软件中。这种方法对于处理复杂的转子系统显得尤为便捷。

惯性效应中一个重要的部分是陀螺效应，该效应由转动过程中振动转子的进动产生。随着转速的增加，陀螺效应成为一个关键影响因素。不考虑陀螺效应转子动力学分析将导致较大的计算偏差，这种偏差在高转速下尤为显著，甚至导致计算错误。ANSYS 软件推出了转子动力学计算的功能，可以对转子系统进行实体建模，并有效应对转子的陀螺效应。

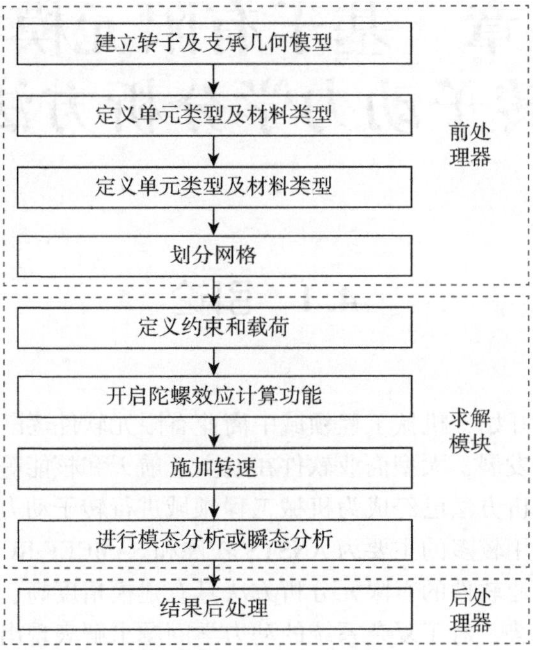

图 4-1　有限元求解转子动力学问题的一般流程

目前，在 ANSYS 软件中已经形成标准的 FEA 模型，模态分析、谐响应分析和瞬态分析得以实现。ANSYS 对转子动力学求解结果具备较强的后处理器能力，为转子临界转速计算、稳定性分析、瞬态激励下动力学行为模拟等提供了条件。实际上，无论要计算的模型复杂度有多高，ANSYS 求解动力学系统的基本方程均可以表达为如下形式的方程：

$$[M]\{\ddot{U}\} + ([G] + [C])\{\dot{U}\} + ([B] + [K])\{U\} = \{F\} \tag{4-1}$$

这里，$[M]$，$[C]$ 和 $[K]$ 分别为质量，阻尼和刚度矩阵，$\{F\}$ 为外部激励力矢量。在转子动力学中，这个方程中包含了陀螺效应矩阵 $[G]$ 以及转动阻尼效应矩阵 $[B]$。

陀螺矩阵 $[G]$ 由转动速度决定，是转子动力学分析区别于一般动力学问题的最主要特征。这个矩阵是转子动力学分析所独有的，并能够通过确定的操作命令和单元实现。另外，阻尼矩阵 $[\mathrm{B}]$ 也由转动速度决定，它修改了结构的刚度并能产生不稳定运动。

4.3　ANSYS 转子动力学分析常用命令介绍

ANSYS 有限元软件分析求解转子动力学问题通常可以借助于 APDL 语言格式的命令流，进行载荷加载、问题求解和求解数据调用等，这为采用 ANSYS 有限元软件进行转子动力学问题求解与参数优化提供了极大便利。

这里将求解器和后处理器中最常用的命令总结如下：

/SOLU　　进入求解器；
CAMPBELL　调用结果文件，获取相关数据，用于 Campbell 图的生成；
CMOMEGA　确定组件中的一部分结构相对于转轴的转动速度；
CORIOLIS　对转动结构施加陀螺效应，同时可用于施加转动阻尼效应；
OMEGA　确定转动结构整体相对于笛卡尔坐标系的转动速度；
SYNCHRO　谐响应分析中指定激励力的形式：简谐形式或非简谐形式；
/POST1　进入后处理器；
ANHARM　生成模态分析阵型动画；
PLCAMP　生成 Campbell 图；
PLORB　生成转子运动轨道图，即涡动图；
PRCAMP　打印 Campbell 图以及由 Campbell 图获取的转子的临界转速；
PRORB　打印转子涡动轨道数据。

4.4　ANSYS 转子动力学分析的基本单元

陀螺效应是转子动力学分析必须考虑的关键问题，ANSYS 针对转子动力学问题专门开发能够求解陀螺效应的多个单元。总结起来用于建立转子有限元模型的单元主要包括以下几点。

（1）梁单元

常用单元主要包括：BEAM4、BEAM188、BEAM189、PIPE16、PIPE288、PIPE289 等。

（2）壳单元

常用单元主要包括：SHELL63、SHELL181、SHELL281 等。

（3）集中质量单元

常用单元主要为：MASS21。

（4）实体单元

常用单元主要包括：SOLID45、SOLID95、SOLID185、SOLID186、SOLID187、SOLID272、SOLID273 等。

对于轴承单元，需要重点考量该单元是否可以考虑刚度和阻尼交叉项、非线性刚度和阻尼特性等。用于建立轴承模型的单元及其特性的单元及其特性总结如下所示。

（1）COMBIN14 单元

可模拟非对称刚度/阻尼，不能考虑刚度和阻尼交叉项，不具备非线性刚度阻尼特性。

（2）COMBI214 单元

可模拟 2-D 平面刚度/阻尼单元；可计算非轴对称交叉项刚度和阻尼交叉项；可以将其刚度或阻尼设置为随转速改变的函数，从而考虑非线性刚度阻尼特性。

（3）MATRIX27 单元

可模拟通用刚度/阻尼矩阵可计算非轴对称交叉项刚度和阻尼交叉项不能考虑非线性

刚度阻尼特性。

(4) MPC184 单元

可模拟多点约束单元，可考虑线性的刚度和阻尼的对称交叉项，不可考虑非线性，可以将其刚度或阻尼设置为位移的函数，从而考虑非线性刚度阻尼特性。

各种类型的单元均被用于转子动力学分析，并且都满足了相应问题的精度要求。其中，体单元和梁单元模拟转子的特性在表 4-1 中进行了比较。

表 4-1　两种典型单元分析能力比较

比较项目	梁单元	实体单元
静力学计算适用性	否	是
模态计算适用性	是	是
谐响应分析适用性	是	是
稳定性分析适用性	是	是
模型简化度	高	低
模型保真度	低	高
问题求解运算量	低	高
是否可考虑陀螺效应	是	是

在上述介绍的各种单元中，SOLID273、BEAM188、MASS21、COMBI214 是使用频率比较高的四种单元。对这四种单元介绍如下。

(1) SOLID273 单元

该单元可以用于模拟轴对称的实体结构，采用"MASTER"平面上 8 个节点进行定义，其他节点根据这 8 个节点在环向上自动生成，每个节点有三个自由度，分别是 $x-y-z$ 三个方向自由度。这个单元可以考虑塑性、超弹性、应力刚化和大变形等特性。

(2) BEAM188 单元

BEAM188 基于 Timoshenko 梁理论，适合于分析梁结构的弯曲。该单元包含了剪切变形效应，并提供了确定是否施加截面弯曲限制的选项。它在 3D 模型中是线性的二次或三次的双结点单元，每个结点具有六个到七个自由度，包括 $x-y-z$ 三个方向的平动自由度以及绕 $x-y-z$ 轴转动的自由度。第七个可选自由度为弯曲自由度。该模型特别适合线性、高度转动或大应变非线性分析。它默认包含应力刚度选项，在所有的分析中都能够考虑大变形。这种应力刚度选型使弯曲、侧移以及扭转稳定性的求解成为可能。

BEAM188 单元支持弹性、塑性、蠕变以及其他的非线性材料模型。与梁单元模型紧密联系的截面类型可以通过相关的命令定义。

该单元的几何形态、结点位置、坐标系以及应力方向等信息在图中可以获得。BEAM188 通过整体坐标系中的 I 和 J 两个结点定义，结点 K 是一个更值得推荐的用于定义单元方向的结点。在没有定义结点 K 的场合下依然是合理的。在这种情况下，单元的 x 方向被定义为从 I 结点指向 J 结点。如果没有定义方向结点，那么单元的默认 y 方向为平行于整体坐标系的 $x-y$ 平面。在单元平行与 z 轴的情形中，单元坐标系 y 轴与整体坐标系

的 y 轴是平行的。如果两者都被定义则结点方向首选方向结点指示的方向。如果将此单元应用与大应变分析中，需要注意方向结点 K 仅被用于确定单元的初始方向。

（3）MASS21 单元

点质量单元 MASS21 的主要作用是模拟分布的点质量以及刚性的圆盘转子等等。其最多可具备 MASSX、MASSY、MASSZ、IXX、IYY 和 IZZ 六个实常数，分别代表三个平动自由度方向的质量大小以及三个转动自由度方向的转动惯量。

（4）COMBI214 单元

COMBI214 单元具径向长度以及 2D 的刚度、阻尼“截面”。建模时只需在一个径向上建立该单元，其效果等同于在整个 2D 平面内放置轴承。COMBI214 定义的刚度和阻尼并不具有质量，MASS21 单元可用于模拟轴承中的质量属性。图 4-2 描述的是 COMBI214 单元的在轴承平面内的几何属性，几何描述中的各个刚度和阻尼通过指定实常数的形式设置。

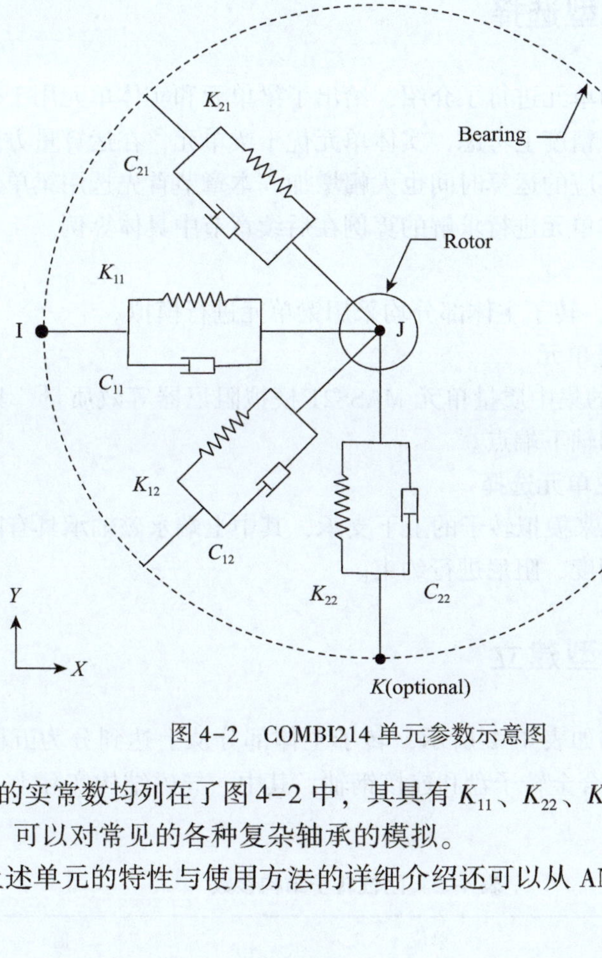

图 4-2　COMBI214 单元参数示意图

COMBI214 的实常数均列在了图 4-2 中，其具有 K_{11}、K_{22}、K_{12}、K_{21}、C_{11}、C_{22}、C_{12} 和 C_{21} 七个实常数，可以对常见的各种复杂轴承的模拟。

更多关于上述单元的特性与使用方法的详细介绍还可以从 ANSYS 帮助文件中获得。

4.5 采用 ANSYS 进行转子稳定性分析举例

4.5.1 概述

上文已经对 ANSYS 软件用于转子动力学分析的流程和方法进行了介绍，本节以采用梁单元求解刚性转子稳定性为算例，具体介绍采用有限元法进行转子动力学分析的具体过程。

4.5.2 单元类型选择

上文对几种最主要的单元进行了介绍，给出了梁单元和实体单元用于转子动力学分析的比较，比较得知从计算精度上考虑，实体单元优于梁单元，在运算量方面，实体单元的运算量远高于梁单元，对应的运算时间也大幅增加。本章节首先选用梁单元作为转子主体模型单元，关于采用实体单元进行求解的算例在后续章节中具体算例。

(1) 转子模型单元

选用 BEAM188 单元，转子主体部分均采用梁单元进行模拟。

(2) 阻尼器等效质量单元

采用 ANSYS 软件中的集中质量单元 MASS21 模拟阻尼器等效质量，具体做法是直接将集中质量单元固结在细轴下端点。

(3) 支承刚度和阻尼单元选择

选用 COMBI214 单元来模拟转子的上下支承，其中上端永磁轴承具有刚度属性，转子下部细轴的下端点采用刚度、阻尼进行约束。

4.5.3 转子模型建立

算例采用的转子结构如表 4-2 所示，转子主体部分从上达到分为五段，分别包括导磁结构、铝合金轴 1、铝合金转子盘和连接钢轴，其中，导磁结构实际上是永磁轴承的转动件部分。

表 4-2 刚性转子结构参数

参数名称	单位	值
额定转速	r/min	5 000
转子质量	kg	96.4
转子总长	m	0.9

续　表

参数名称	单位	值
轴转动惯量	kg · m^2	1.43
直径转动惯量	kg · m^2	3.05
磁轴承径向刚度	N/m	5 000
阻尼体等效质量	g	200
阻尼体径向刚度	N/m	5 000
阻尼器阻尼系数	Ns/m	200

在几何尺寸模拟方面，在采用梁单元进行模拟时，须将转子中的各个部件按照质量、转动惯量和截面惯性矩等物理参数相等的原则进行一定的简化和均匀化处理。在材料特性方面，对于每段转子的材料，均需要处理为各向同性或者各向异性的单一、均匀材料。由于梁单元在截面上无法考虑多种不同的材料构成的组合截面，因此，对于某些涉及同一段转子包含多种材料的复杂转子，在实际计算过程中可进行等效处理，具体的方法可按照实际截面尺寸设置梁单元的材料属性，采用各种组分按照厚度或截面积占比进行加权处理从而等效为均一化的材料进而采用梁单元进行模拟分析。

建立转子有限元模型如图 4-3 所示，转子在轴向按照分段方式处理。对于梁单元而言，单元“段数”的划分对与计算结果的精度有直接影响。为保证计算结果的精度，在该算例中每段转子梁单元个数均划分为 5 个以上。

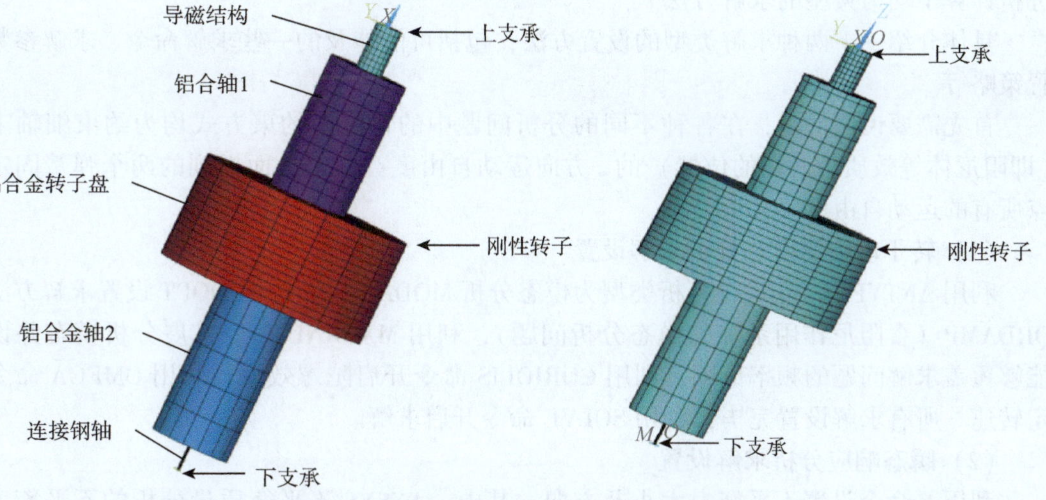

图 4-3　刚体转子结构和有限元模型示意图

4.5.4　支承模型的建立

根据实际支承结构形式，建立上下支承模型。

（1）上支承建模方法

采用平面弹簧单元 COMBI214，设置两个正交方向上的线刚度。

（2）下支承建模方法

下支承建模方法相对复杂，除了类似于上支承涉及的径向刚度和阻尼参数以外，还需要能够模拟阻尼体的等效质量属性。需要首先使用 MASS21 集中质量单元来模拟阻尼体的等效质量，而用 COMBI214 单元模拟阻尼体受到的约束刚度与阻尼，按照前面介绍的实常数的设置方法赋予支承参数。

在实际计算模型设置上，上支承处可沿半径方向平移任意一段小位移（例如 0.2 cm）建立一个固定的结点，用于连接弹簧单元的固定端；而下支承处亦可沿半径方向平移任意一段小位移建立一个固定结点，用以连接弹簧单元的固定端。

4.5.5 载荷约束及求解设置

求解器设置对于有限元方法分析转子动力学问题至关重要。转子稳定性分析中，最重要的是要对转子-支承的各阶模态阻尼比进行定量计算。瞬态响应问题则更多地关注转子在过临界过程中，以及在正常工作转速下的不平衡振动幅值的定量计算。因此，针对于不同的求解问题，需要采用不同的求解设置方法，按照对应的计算过程控制方式来对 ANSYS 的求解器进行具体设置。

对于稳定性分析问题问题，须设置 ANSYS 有限元求解类型为模态分析，而对于上述提到的后一类问题，须设置 ANSYS 有限元求解类型为谐响应分析。这两种分析在有限元分析计算中均为典型的求解方法。

具体介绍一下两种求解类型的设置方法，包括可能涉及的一些求解命令、求解参数设置策略等。

首先需要说明的是，在各种不同的分析问题中的自由度约束方式均为约束细轴末端（即阻尼体等效质量所在的位置）的 z 方向运动自由度；约束上面提到的两个弹簧固定结点所有的运动自由度。

（1）转子动力学模态分析求解设置

利用 ANTYPE 命令设置分析类型为模态分析 MODAL，利用 MODOPT 设置求解方法为 QRDAMP（含阻尼作用系统的模态分析问题），利用 MXPAND 命令扩展分析模态并设定能够覆盖求解问题的频率范围，利用 CORIOLIS 命令开启陀螺效应，利用 OMEGA 命令指定转速。所有求解设置完毕，利用 SOLVE 命令开启求解。

（2）瞬态响应分析求解设置

利用 F 命令设置不平衡力大小及方向，其中，ANSYS 不平衡质量分析的不平衡力大小的定义为不平衡质量与不平衡质量等效半径之积。利用 ANTYPE 命令指定分析类型为谐响应分析 HARMIC，利用 SYNCHRO 命令指定作用力的类型为简谐力，利用 NSUBST 命令指定扫频总步数，利用 HAEFRQ 命令指定简谐力的频率变化范围，即转子的转速变化范围，利用 OMEGA 命令指定转速矢量，通过使用 CORIOLIS 命令开启陀螺效应。最后，利用 SOLVE 命令开启求解。

4.5.6 问题求解

（1）求解命令流（见图 4-4）

```
/solu
spinl=5000/60
omega,,,spin1*2*3.141 59
antype,modal
modopt,qrdamp,20,,,on
mapand,20,0.001,2000
coriolis,on,,,on
solve
```

图 4-4　ANSYS 转子稳定性分析（模态分析）命令流

（2）静止状态模态分析结果

设置转速为 0 s^{-1}，利用 ANSYS 求解得到转子的各阶典型模态频率及模态阻尼比见表 4-3 中的静止情况。

表 4-3　稳定性分析结果（静止状态）

```
***** DAMPED FREQUENCIES FROM REDUCED DAMPED EIGENSOLVER *****

                COMPLEX FREQUENCY (HERTZ)
MODE      STABILITY               FREQUENCY              MODAL DAMPING RATIO

  1        0.20822983E-03         0.0000000        j      N/A
  2       -0.15521336             1.6164236        j      0.95583057E-01
  3       -0.15521336             1.6164236        j      0.95583057E-01
  4       -0.93245223             3.9051203        j      0.23224786
  5       -0.93245223             3.9051203        j      0.23224786
  6       -30.669670              49.840036        j      0.52408353
  7       -30.669670              49.840036        j      0.52408353
  8       -0.35731978E-04         1146.7498        j      0.31159349E-07
  9       -0.35731978E-04         1146.7498        j      0.31159349E-07
 10        0.0000000              1701.9089        j       0.0000000
 11        0.0000000              1701.9089        j       0.0000000
 12        0.0000000              2659.8859        j       0.0000000
 13        0.0000000              3000.5428        j       0.0000000
 14        0.0000000              3684.7449        j       0.0000000
 15        0.0000000              3684.7449        j       0.0000000
 16       -0.96301500E-04         4376.8251        j      0.22002593E-07
 17       -0.96301500E-04         4376.8251        j      0.22002593E-07
 18        0.0000000              4870.9164        j       0.0000000
 19       -0.35473209E-01         5002.1347        j      0.70916140E-05
 20       -0.35473209E-01         5002.1347        j      0.70916140E-05
```

（3）工作转速模态分析结果

设置转速为 5000 RPM，利用 ANSYS 求解得到的转子前几阶典型模态频率及模态阻尼比见表 4-4 中的工作转速情况。

表 4-4　稳定性分析结果（转速 5 000 r/min）

***** DAMPED FREQUENCIES FROM REDUCED DAMPED EIGENSOLVER *****

	COMPLEX FREQUENCY (HERTZ)			
MODE	STABILITY	FREQUENCY		MODAL DAMPING RATIO
1	0.20822983E-03	0.0000000	j	N/A
2	-0.20178606E-01	0.40902252	j	0.49273803E-01
3	-0.13740204	1.5774926	j	0.86773009E-01
4	-0.14468162	1.5906575	j	0.90583181E-01
5	-2.3760437	41.815690	j	0.56730312E-01
6	-29.722260	48.771598	j	0.52039657
7	-31.114104	49.781654	j	0.53000593
8	-0.36109047E-04	1142.4472	j	0.31606753E-07
9	-0.35360716E-04	1151.0643	j	0.30720017E-07
10	0.0000000	1669.1727	j	0.0000000
11	0.0000000	1736.1880	j	0.0000000
12	0.0000000	2659.8859	j	0.0000000
13	0.0000000	3000.5428	j	0.0000000
14	0.0000000	3673.8679	j	0.0000000
15	0.0000000	3695.7405	j	0.0000000
16	-0.81472013E-04	4348.3450	j	0.18736327E-07
17	-0.11561220E-03	4406.6120	j	0.26236075E-07
18	0.0000000	4870.9164	j	0.0000000
19	-0.35475625E-01	5000.7935	j	0.70939991E-05
20	-0.35466303E-01	5003.5490	j	0.70882293E-05

需要说明的是，在机械工程领域中对于转子稳定性问题，通常只需关注正向进动模态振型的稳定性问题，反向进动在试验和应用中一般不易出现，因此，这里特别列出了在该类转子动力学参数设计过程中主要关注的几阶正进动频率及对应的模态阻尼比（见表 4-5）。

表 4-5　转子的各阶模态频率和模态阻尼比计算结果

模态振型	静止 0 s^{-1}		工作转速 5 000 r/min	
	模态频率/Hz	衰减系数/s^{-1}	模态频率/Hz	衰减系数/s^{-1}
转子整体平动模态	1.62	0.155	1.59	0.145
转子整体摆动模态	3.90	0.932	41.8	2.38
阻尼器振动模态	49.8	30.7	49.8	31.1
转子一阶弯曲振动模态	1146	3.57×10^{-5}	1151	3.54×10^{-5}

图 4-5 给出了转子的前几阶模态振型，其中左侧算起第 1 幅为转子系统平动振型（一阶振型）、第 2 幅为转子系统作锥形进动振型、第 3 幅为下支承细轴弯曲振型，第四幅为转子自身的弯曲振型，这些图是转子运动规律分析和转子结构及支承参数设计过程中需要重点关注的内容。

算例中计算给出了转子一阶弯曲振动模态频率为 1 151 Hz，远高于转子转动频率 83.3 Hz（5 000 r/min），这进一步说明转子自身处于刚性阶段。

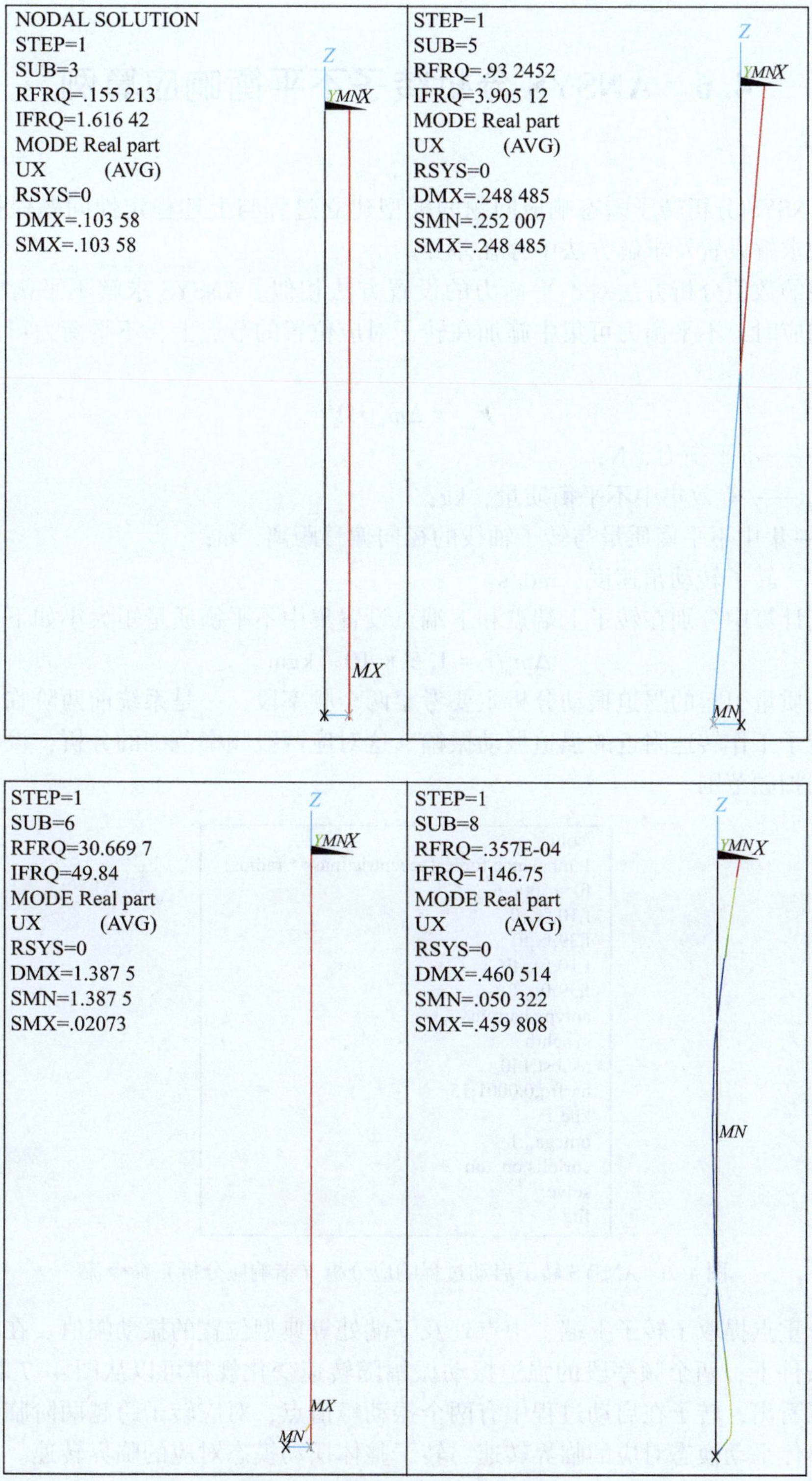

图 4-5　转子系统各阶模态振型图

4.6 ANSYS 分析转子不平衡响应算例

采用 ANSYS 分析转子瞬态响应问题的模型建立过程与上述稳定性问题保持一致，只是在后续的求解设置及求解方法中存在差异。

与常规的数值分析方法对不平衡力的设置方法相似。ANSYS 求解不平衡质量引起的强迫振动响应时，不平衡力可集中施加在转子对应位置的节点上，不平衡力可以按式 4-3 计算。

$$F_{ub} = \Delta m_{ub} r \Omega^2 \tag{4-2}$$

式中：F_{ub} ——不平衡力，N；

Δm_{ub} ——等效集中不平衡质量，kg；

r ——集中不平衡质量与转子轴线的径向偏移距离，m；

Ω ——转子转动角速度，rad/s。

在算例计算中分别在转子上端点和下端点设置集中不平衡质量矩大小如下：

$$\Delta m_{ub} r = 1.5 \times 10^{-3}\ \text{kgm} \tag{4-3}$$

不平衡质量引起的强迫振动分析主要考察两个频率段，一是系统前两阶临界频率的振幅，二是转子工作转速附近的强迫振动振幅。这对应两段频率范围的分析，设定了谐响应分析的不同扫频范围。

```
/solu
! unbalance forces(eccentric mass * radius)
f0=1500e-6
f,10,fx,c0
f,39,fx,f0
f,10,fy,,-f0
f,39,fy,,-f0
antype,harmic
synchro
nsubst,140
harfrq,0.0001,15
kbc,1
omega,,,1
coriolis,on,,,on
solve
fini
```

图 4-6　ANSYS 转子启动过程响应分析（谐响应分析）命令流

该部分重点提取了转子上端、中点处及下端处等典型位置的振动幅值。在现有的支承参数取值条件下，两个频率段的强迫振动振幅随转速变化规律可以从图 4-7 和图 4-8 中得到。可以看出，转子在启动过程中有两个振动峰值点，对应转子跨越两阶临界转速，分别是转子整体平动模态对应的临界转速、转子整体摆动模态对应的临界转速。

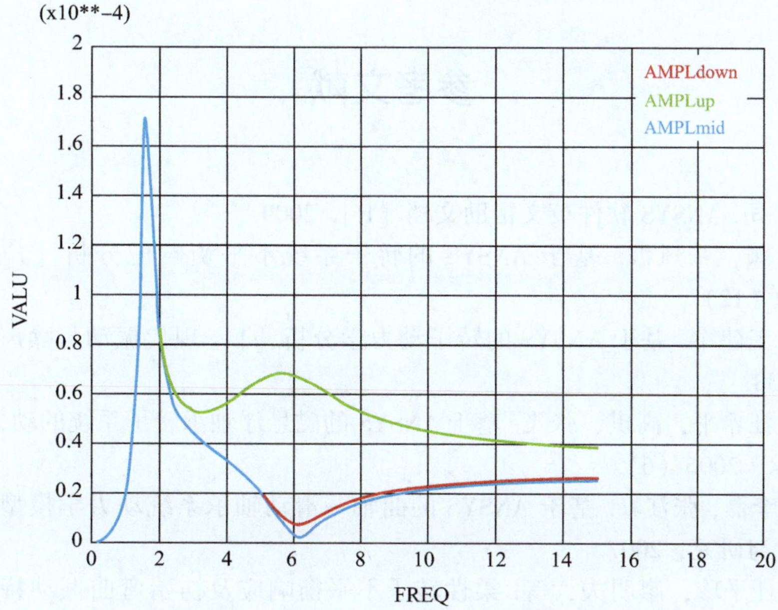

图 4-7　低转速范围各位置不平衡振动幅频响应曲线（ANSYS）

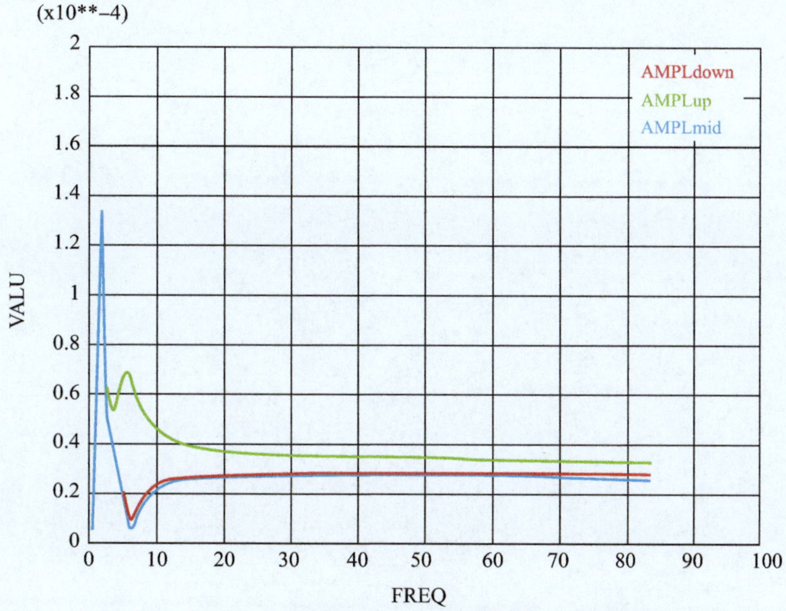

图 4-8　全转速范围不平衡振动幅频响应曲线（ANSYS）

参考文献

[1] ANSYS 公司. ANSYS 软件英文帮助文档 [R]. 2009.
[2] 李聪，常颖，张风波. 基于 ANSYS 的转子系统不平衡响应分析 [J]. 测控技术，2011，30 (12).
[3] 马威猛，王建军. 基于 ANSYS 的转子动力学分析 [J]. 现代振动与噪声技术，2011，8：535-538.
[4] 万金贵，汪希平，高琪，张飞. 基于 ANSYS 的磁悬浮轴承转子系统的动力学特性研究 [J]. 轴承，2006 (6).
[5] 张锁怀，李磊，张江峰. 基于 ANSYS 的曲轴一滑动轴承系统动力学模型的研究 [J]. 机械设计与研究，2007.
[6] 刘锦阳，任平珍，廖明夫，等. 柔性转子不平衡响应及初始弯曲振动特性研究 [J]. 振动、测试与诊断，1998，18 (4).

第5章 立式支承转子动力学参数优化设计方法

5.1 引论

对转子动力学参数的优化工作，常见于航空领域对飞机发动机转子系统的优化，这些优化主要是针对临界频率的设置和振动稳定性进行。此外，也有针对压缩机、普通电机飞轮转子等转子系统的优化。而优化目标则通常是临界频率和转子质量等。

在柔性支承立式转子系统设计过程中，动力学参数的优化是重要的工作任务之一。在各类转子支承参数优化工作中，通常采用基于经验的穷举法或单因素法进行优化。这些研究采用的优化算法不尽相同，但本质上还是有很大共性的。多因素、多目标优化是进行转子动力学参数优化的重要特点。例如，在兼顾稳定性和强迫振动性能的优化中，需采用两种目标函数，一个是转子-支承动力学系统的下支承等效阻尼取最大；另一个是转子典型部位的振动幅值达到最小值，而多目标优化的诸多方法其实都是将诸多的优化目标采用各种加权组合的方式转化为单一的优化目标进行优化。同时，适用于多因素优化的算法众多，典型的优化算法有遗传算法、粒子群算法和神经网络算法等。许多智能优化算法在近些年来不断涌现并不断获得改进。本章将具体介绍采用智能优化算法进行立式转子动力学参数优化的具体算例，其中涉及对刚性和柔性两种类型转子的优化计算。

5.2 高速旋转机械优化技术现状

高速旋转机械在航空航天、核能工程、车辆工程和机械制造等领域广泛应用。为了提高该类机械的工作能力和工作效率，对转子的工作转速、振动响应和运转稳定性等指标要求日益提高。高速旋转细长柔性转子是汽轮机、涡流发动机等通常采用的转子形式，这种结构可以有效降低转子系统临界频率，使得转子启动过程中以较低转速通过各阶低于工作转速的临界转速。对转子-支承系统进行参数匹配性分析与系统优化设计，一直是包括汽轮机、涡轮发动机、直升机发动机、发电机组、压缩机和分子泵等在内的各类高速旋转机械研制与应用关注的核心问题之一。

长期以来，研究人员在转子系统优化设计方面开展了研究，代表性研究综述如下。文献［1］以减小转子振幅为目标，采用多种优化算法优化了双盘转子系统的转子结构及支承参数。文献［2］采用自编有限元方法开展了转子-支承系统动态优化设计，在考虑预应力等条件约束的条件下，优化了转子临界转速分布。文献［3］研究了压缩机转子径向振动和由此产生的轴承支反力机制，提出了基于自动仿真和优化分析的多体动力学计算方法，为压缩机转子动平衡提供了理论支持。文献［4-7］针对不同的转子支承系统开展了优化设计，采用调整转子系统临界转速的策略，借助达到了传递矩阵—拟模态综合法[4]、有限元法[5,7]等进行动力学建模与优化计算，达到了降低转子振动的目标。文献［8］开展了同步磁阻电机转子的优化设计，采用二维有限元分析模型开展了转子设计并在此基础上进行了转子形状优化，通过制造实践证实了优化方案的有效性。文献［9］针对核电站主泵转子稳定性开展了优化分析，提出了以降低主泵泵轴位移均值提高主泵转子稳定性的措施。文献［10-12］对各类转子的阻尼器或固定转子进行了优化设计，达到了最优抑振的目的。

为了兼顾高速旋转机械多方面性能要求，转子支承系统的多目标优化设计研究也不断深入。文献［13］抑制激振力和提高做功效率为目标，建立了汽轮机叶片参数的多目标优化设计的数学模型，优化了汽轮机叶片参数。文献［14］以同时降低转子振动幅值和转子重量为目标，采用基于瑞利梁模型的有限元方法，开展了转子主体形状的的优化设计，实现了降低不平衡响应的同时提高转子临界转速。文献［15］针对分子泵转子多学科优化问题，集成多学科分析软件，实现了抽气性能计算，参数化几何建模，转子动态特性分析和应力与应变计算等功能及各模块数据共享和优化迭代，对转子的结构参数进行了自动优化，得到了优化的转子结构参数。文献［16］采用模糊决策方法对转子系统临界转速和重量进行了多目标优化，提出了从最优折中解集中进行选择的策略。

以神经网络算法、遗传算法、模拟退火算法、粒子群算法为代表的智能优化算法在高速旋转机械领域中获得应用，这些算法对于各类复杂优化问题的适用性不断地被证实。文献［17-18］采用遗传算法进行了转轴或转子重量及临界转速分布等优化设计以达到提高转子支承系统稳定性、降低过临界振动幅值的目的。文献［19］采用粒子群优化算法对模拟直升机双转子系统这一典型的高速旋转机械的各类参数进行了优化设计，实现了转子系统的性能优化。近年来，不同优化算法的组合算法已不断获得应用，采用免疫-遗传组合算法、遗传算法和模拟退化算法、神经网络和粒子群优化算法对多输入-多输出系统优化问题的计算案例也不断涌现。

为了具体介绍转子动力学参数优化的典型过程，本章节针对柔性支承（径向支承刚度为 10^3 N/m 量级）的刚性转子和双圆盘柔性转子-支承系统，采用智能优化算法进行动力学仿真分析与参数优化设计。综合考虑稳定性和启动过程的瞬态响应特性等性能进行多种目标的优化设计计算。

为简捷起见，对于刚性转子优化算例重点介绍了采用集中参数法建模、采用数值方法求解和采用粒子群算法开展稳定性优化分析的具体过程。对于柔性转子优化算例，重点介绍了采用有限元方法建模与求解、采用粒子群算法开展稳定性优化和启动过程瞬态响应优化的具体过程。

5.3　刚性转子稳定性优化计算举例

5.3.1　优化对象

本章首先介绍刚性转子稳定性优化算例，给出采用粒子群优化算法进行转子动力学参数优化的具体实施过程和典型优化结果。

在第 3 章和第 4 章中已经介绍了基于集中参数和有限元两种典型的转子动力学分析方法，这两种方法均适用于刚性和柔性转子分析。在刚性转子优化算例中，采用集中参数模型进行稳定性分析。

本章节采用的优化对象为本书第 3 章给出的刚性转子支承系统（参见 3.2.3 节和 3.2.4 节），转子及支承参数表 3-1，各个参数的优化空间如表 5-1 所示。

表 5-1　参数优化空间列表

参数	单位	取值范围
上支承径向刚度系数 K_1	N/m	[20，10 000]
细轴径向刚度系数 K_2	Nm/s	[1 000，80 000]
下支承径向刚度系数 K_3	N/m	[100，10 000]
阻尼器等效质量 m_d	kg	[0.01，20]
下支承阻尼系数 c	Nm/s	[10，1 000]

5.3.2　优化问题描述

刚性转子高速运转稳定性问题主要关注工作转速下的模态阻尼比，优化的核心任务是通过优化计算使得最小模态阻尼比的数值达到最大值。

该问题对应的数学优化模型为：

$$\max \quad f(x) \quad x \in X \subset R^5$$

$$X = \left\{ x = [x_1,\ x_2,\ x_3,\ x_4,\ x_5]^T = [k_1,\ k_2,\ k_3,\ m_d,\ c]^T \;\middle|\; \begin{array}{l} 20 < x_1 < 10\,000 \\ 1\,000 < x_2 < 800\,000 \\ 100 < x_1 < 10\,000 \\ 0.01 < x_3 < 20 \\ 10 < x_4 < 1\,000 \end{array} \right\} \tag{5-1}$$

其中 $f(x)$ 为转子-支承系统的最小模态阻尼比。

5. 3. 3　优化算法

上述优化问题实际上是一个五变量优化问题。拟采用近年来在机械工程领域应用较多的粒子群优化算法（简称 PSO 算法）来进行优化计算，该算法的基本思想是：通过群体中个体之间的协作和信息共享来寻找最优解。该算法目前已被广泛应用于函数优化、神经网络训练和模糊系统控制等领域。关于该种算法的具体介绍及应用案例可参考文献［19］。

图 5-1 给出了采用粒子群优化算法进行工作转速稳定性问题优化的程序流程图。

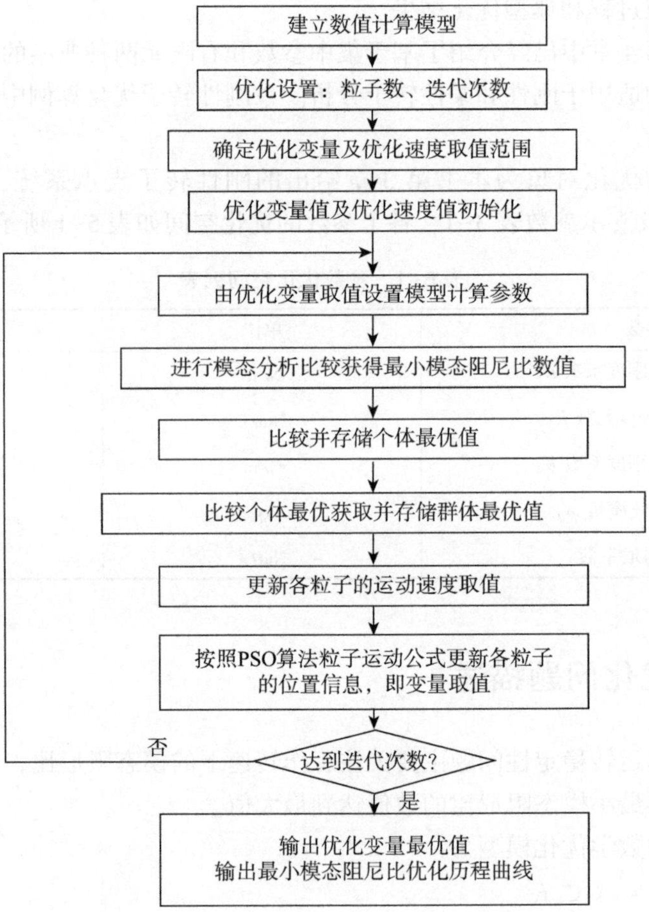

图 5-1　采用 PSO 算法进行稳定性优化流程图

5. 3. 4　优化计算结果

算例中，设置粒子数位 500 个，迭代计算次数设置为 5 000 次。优化过程中目标函数（最小模态阻尼比数值）随着迭代次数的变化曲线如图 5-2 所示，从图中可以看出，迭代计算进行到 1 000 次左右时，已经获得收敛的计算结果。

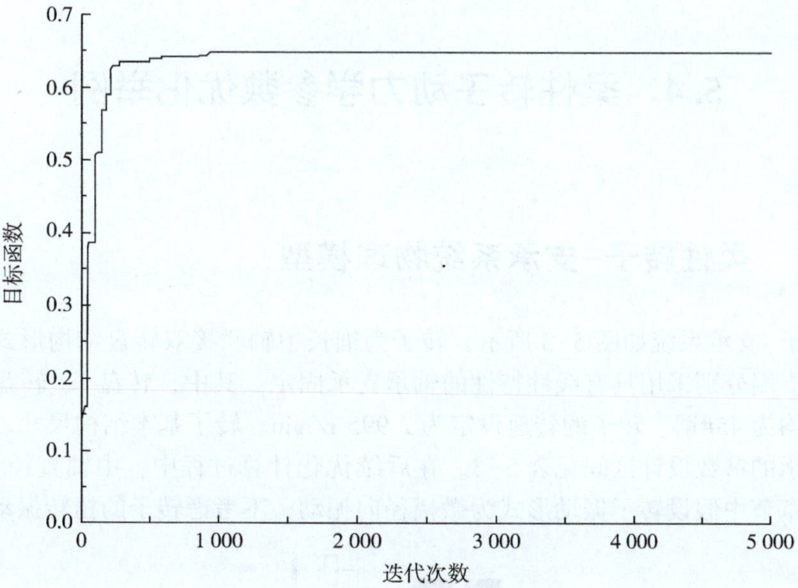

图 5-2　优化计算收敛曲线

优化计算获得的最优化设计参数见表 5-2，对应的目标函数值为 0.63。

表 5-2　PSO 优化获得的最优参数

参数	单位	最优值
上支承径向刚度系数 K_1	N/m	5 549
细轴横向刚度系数 K_2	Nm/s	541 143
下支承径向刚度系数 K_3	N/m	5 393
阻尼器等效质量 m_d	kg	0.178
下支承阻尼系数 c	Nm/s	437

上文以一个较为典型的例子介绍了刚性转子稳定性优化计算的典型流程。实际上，在进行转子动力学参数设计时，不仅要考虑转子运行稳定性，还需要考虑转子在瞬态响应或者跨越临界转速时的振动响应，同时，在进行参数设计时需要特别关注各参数的工程可实现性。近年来，转子动力学参数优化设计越来越多地涉及多目标优化问题。多目标优化的一个典型策略是，根据各个单目标优化的目标函数的重要度，采用加权法对目标函数进行合理组合，构造出一个能够综合反映设计结果优劣的新目标函数，从而将多目标、多因素优化问题转化为一个单目标、多因素优化问题，按照上述算例给出的优化流程进行优化计算。

5.4 柔性转子动力学参数优化举例

5.4.1 柔性转子-支承系统物理模型

柔性转子-支承系统如图 5-3 所示，转子为细长中轴联接双转盘结构形式，转盘 1 上端、转盘 2 下端分别采用具有线性特性的轴承支承固定。其中，转盘 1、转盘 2 和中轴等各部分材料均为 45#钢。转子的转速设定为 2 995 r/min。转子基本结构尺寸、质量属性及上下支承轴承的参数设计区间见表 5-3。在后续优化计算过程中，中轴直径 D_3 将作为优化变量。本章节中假设转子振动形式为微幅径向振动，不考虑转子的扭转振动。

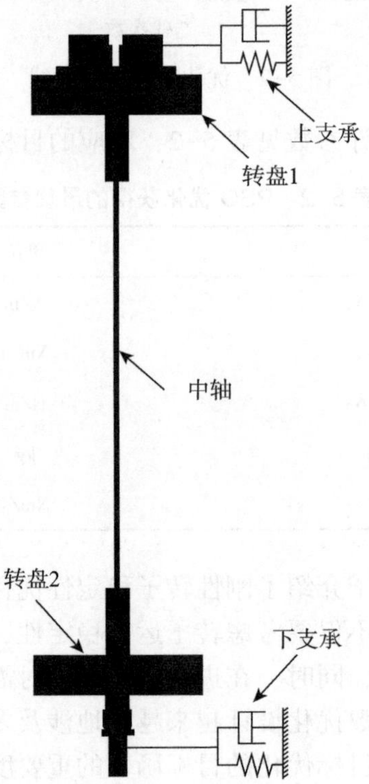

图 5-3 双转盘柔性转子-支承系统示意图

表 5-3 转子基本参数列表

参数	单位	数值
转子总长 L_1	mm	350
中轴长度 L_2	mm	295
转盘 1 直径 D_1	mm	89
转盘 2 直径 D_2	mm	89

续　表

参数	单位	数值
转子中轴直径 D_3	mm	[4.5, 7.5]
转子总质量 m	kg	3.0
转子轴转动惯量 J_p	kg · m^2	2.53×10^{-3}
转子直径转动惯量 J_d	kg · m^2	0.116
上支承径向刚度 K_1	N/m	[1 000, 2 000]
上支承阻尼系数 c_1	Nm/s	[10, 100]
下支承径向刚度 K_2	N/m	[1 000, 2 000]
下支承阻尼系数 c_2	Nm/s	[10, 100]

5.4.2 有限元建模

利用有限元软件对上述转子支承系统进行动力学建模。为了便于对中轴尺寸及上下支承参数进行优化计算，采用有限元软件命令流编制仿真计算程序。具体建模过程包括单元选择、材料设置、几何建模、网格划分和支承建模等步骤。

在有限元计算环境中，采用柱坐标系并规定坐标系 z 轴为轴向、x 轴为径向、y 轴为环向。转子各部分单元类型采用轴对称实体单元；上下支承单元类型采用刚度和阻尼组合单元，通过设置实常数的方式对支承方向、刚度系统和阻尼系数等进行赋值。依据转子实际结构尺寸建立有限元分析所需几何模型，由于采用了轴对称单元，在几何模型建立时只需要建立转子截面二维模型，在计算过程中有限元软件会自动对模型进行三维扩展。采用控制网格尺寸的方式进行网格划分，为了保证计算结果精度，通过设置网格尺寸确保中轴在直径方向划分为 4 个以上网格。建立的仿真模型如图 5-4 所示。

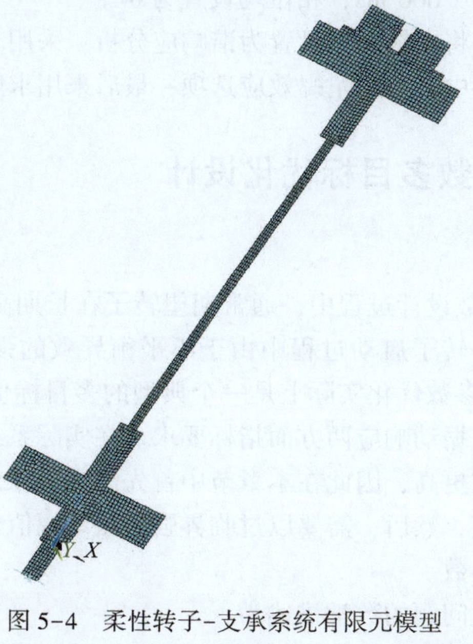

图 5-4　柔性转子-支承系统有限元模型

5.4.3 动力学仿真计算方法

(1) 计算内容

转子动力学仿真主要关注稳定性和瞬态响应分析两类问题。稳定性分析的目的是在考虑陀螺效应的前提下计算转子-支承系统的各阶模态频率和模态阻尼，通过模态阻尼比指标判断系统的运行稳定性，模态阻尼比越大说明稳定性越好。通常期望各阶模态阻尼比中的最小值取极大值。瞬态响应分析主要研究转子启动阶段的振动响应，通常期望通过控制转子不平衡质量及优化支承参数等方式，将启动阶段尤其是通过临界转速阶段的振动幅值取极小值。

在本章节中需要针对稳定性和瞬态响应两类问题进行求解。

(2) 稳定性求解方法

在稳定性求解前需要对模型施加载荷和约束。在有限元软件命令流中采用约束施加命令对支承单元中远离转子的自由端节点自由度施加全自由度约束，对转子最下端施加轴向（z 方向）自由度约束。

在载荷约束施加完毕后，采用有限元软件内嵌命令将求解类型设置为模态分析类型；采用设置命令指定求解算法、求解模态阶次和模态频率范围并开启求解器中的考虑陀螺效应选项；最后采用求解命令启动求解器。

(3) 瞬态响应求解方法

瞬态响应主要关注过临界振动响应。在瞬态响应求解前首先参考 2.2 中的方式对支承及转子施加载荷约束，然后需要对转子的不平衡质量进行设置。转子在启动过程中的振动响应的激励源主要为由于不平衡质量导致的激励作用。

采用载荷施加命令在两个转盘外缘节点施加不平衡质量载荷，转盘 1 和转盘 2 外缘处等效不平衡质量均设置为 2 000 mg，相位均设置为 0°。

采用求解器设置命令将求解类型设置为谐响应分析；采用求解参数设置命令指定起始和结束频率并开启求解器中的考虑陀螺效应选项；最后采用求解命令启动求解器。

5.4.4 系统参数多目标优化设计

(1) 优化问题描述

在转子-支承系统参数设计过程中，通常期望转子在长期高速运转过程中具有足够的稳定性裕度，同时期望将转子启动过程中由于不平衡导致的强迫振动幅值控制在合理水平。柔性转子-支承系统参数优化实际上是一个典型的多目标优化问题，需要权衡高速运行稳定性和启动过程强迫振动响应两方面指标要求。在实际系统设计过程中，通常对与长期运行稳定性的关注权重更高，因此在本章节中首先需要以稳定性最优为目标，优化计算得到系统的基础设计参数，然后，需要以过临界强迫振动幅值最低为目标，优化计算得到系统启动阶段最优设计参数。

高速运转稳定性优化问题的数学描述为：

$$\text{Find}\begin{bmatrix} K_1 \\ c_1 \\ K_2 \\ c_2 \\ D_3 \end{bmatrix} s.t.\ (\eta/\omega)_{\min} = \max[(\eta/\omega)_{\min}] \tag{5-2}$$

符号 $(\eta/\omega)_{\min}$ 代表最小模态阻尼比。对于一个真实的转子系统而言，通常具有无数阶振动模态，而在实际设计过程中，通常参考设计转速值来确定关注的模态阶次范围，并将该范围内的的最小模态阻尼比作为优化目标。例如，本章节中转子设计转速为 2 995 r/min（相当于约 50 Hz），只需关注频率介于 0~250 Hz 范围内的各阶模态。

启动过程过临界振动响应优化问题的数学描述为：

$$\text{Find}\begin{bmatrix} K_1 \\ c_1 \\ K_2 \\ c_2 \\ D_3 \end{bmatrix} s.t.\ A_{\max} = \min(A_{\max}) \tag{5-3}$$

符号 $A_{\max}$ 代表转子在过临界过程中振幅峰值。

在启动过程中，避免动静部件碰撞导致转子受损，需要对转子振幅进行限制，在本章节中规定转子过临界振幅控制在 500 μm 以内。

采用粒子群优化算法优化高速运转稳定性的流程如图 5-1 所示，优化过临界振动响应的程序流程分别如图 5-5 所示。在实际计算过程中，针对两类优化问题，采用有限元软件命令流分别开发了相对应的优化计算程序。

5.4.5 优化计算结果

（1）以稳定性最优为目标的基础参数设计

以稳定性最优为目标，优化计算得到各优化变量的最优取值如表 5-2 所示，其中各个优化变量的取值范围见表 5-1。将表 5-2 中的优化计算结果作为转子-支承系统的基础设计参数。

在该参数设计条件下，进一步计算得到转子各阶模态振型及模态频率。求解得到频率在 250 Hz 以下的模态振型如图 5-6 所示，分别为转子刚体振动模态、转子一阶弯曲振动模态、转子二阶弯曲振动模态和转子三阶弯曲振动模态，每一个模态细分为正向进动和反向进动两种。上述各阶模态振型在不同转速下对应的模态频率计算结果如图 5-7。该图给出的是转子-支承系统的 CAMPELL 图，可以看到，对于每阶模态而言，正进动模态频率随转速增加而增加，而反进动模态频率随转速增加而减小，这是转子陀螺效应的重要表现。

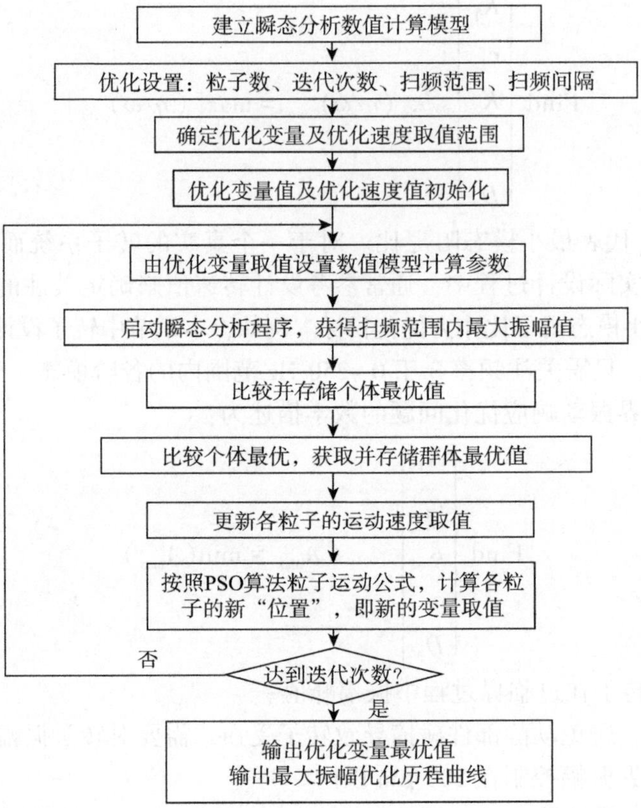

图 5-5　面向过临界振动响应优化算法流程图

表 5-4　稳定性优化计算结果

参数	单位	数值
转子中轴直径 D_3	mm	4. 5
上支承径向刚度 K_1	N/m	1 147
上支承阻尼系数 c_1	Nm/s	100
下支承径向刚度 K_2	N/m	2 000
下支承阻尼系数 c_2	Nm/s	100
最小模态阻尼比	1	5.78×10^{-2}

上述图 5-7 中同时给出了 1 倍转速曲线，进一步分析可以看出，在设计转速条件下，工作频率与各阶模态频率之间保持一定距离，有效地避免了共振现象的出现。这说明通过高速运转状态下的稳定性优化已获得了合理的转子-支承系统参数组合。

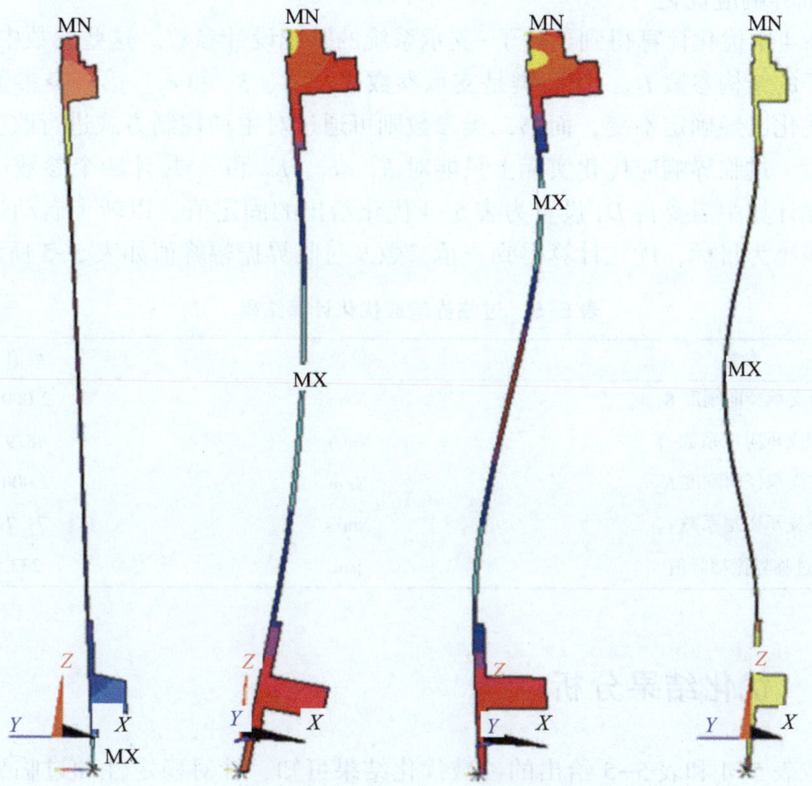

图 5-6　柔性转子-支承系统模态振型示意图

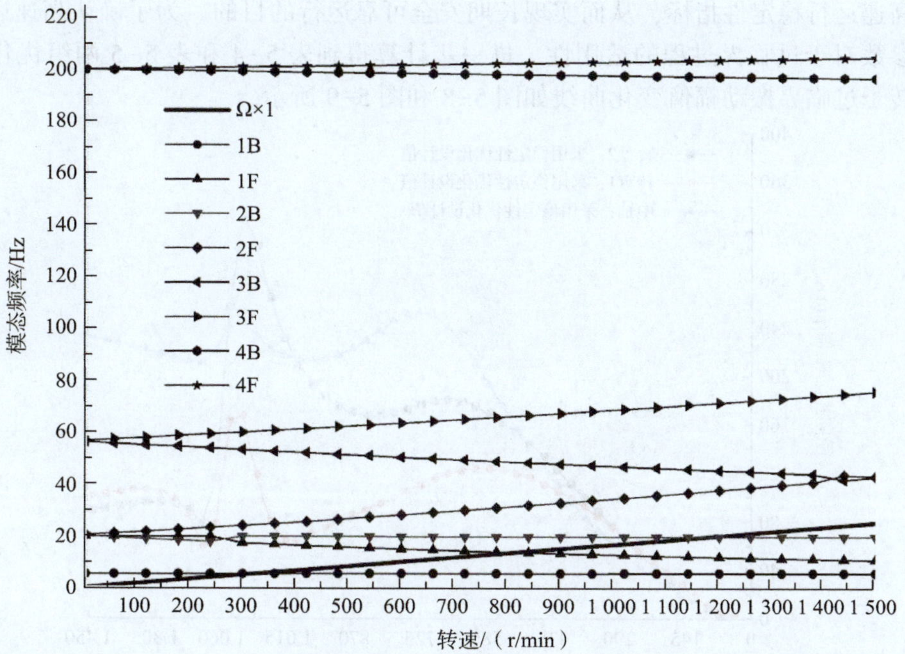

图 5-7　柔性转子-支承系统 CAMPBELL 图

(2) 过临界响应优化

通过5.3.4中优化计算得到了转子-支承系统的基础设计参数。这些参数中分为两类，第一类是转子的结构参数 D_3，第一类是支承参数 K_1、c_1、K_2 和 c_2。第一类参数经过高速运行稳定性优化已经确定不变，而第二类参数则可通过对主动控制方式进行改变。在经过上述优化之后，过临界响应优化实际上只能对 K_1、c_1、K_2 和 c_2 共计四个参数进行优化计算，即在实际计算中需要将 D_3 设置为表5-4优化给出的固定值。以转子启动过程中过临界振幅峰值最小为目标，优化计算得到支承参数及过临界振幅峰值如表5-5所示。

表5-5 过临界响应优化计算结果

参数	单位	数值
上支承径向刚度 K_1	N/m	2 000
上支承阻尼系数 c_1	Nm/s	48.9
下支承径向刚度 K_2	N/m	2 000
下支承阻尼系数 c_2	Nm/s	71.7
过临界振幅峰值	μm	233

5.4.6 优化结果分析

通过比较表5-4和表5-5给出的参数优化结果可知，针对稳定性和过临界响应两种优化目标计算获得的支承参数存在区别，亦即两种优化目标对支承参数的要求并不相同，这是多目标优化设计需要协调的典型问题。对于上述高速旋转转子-支承系统，通常更关注转子高速运行稳定性指标，从而实现长期安全可靠运行的目的。为了确认高速运行稳定性优化参数对于过临界过程的适用性，进一步计算得到表5-4和表5-5两组优化参数条件下，转子过临界振动幅值变化曲线如图5-8和图5-9所示。

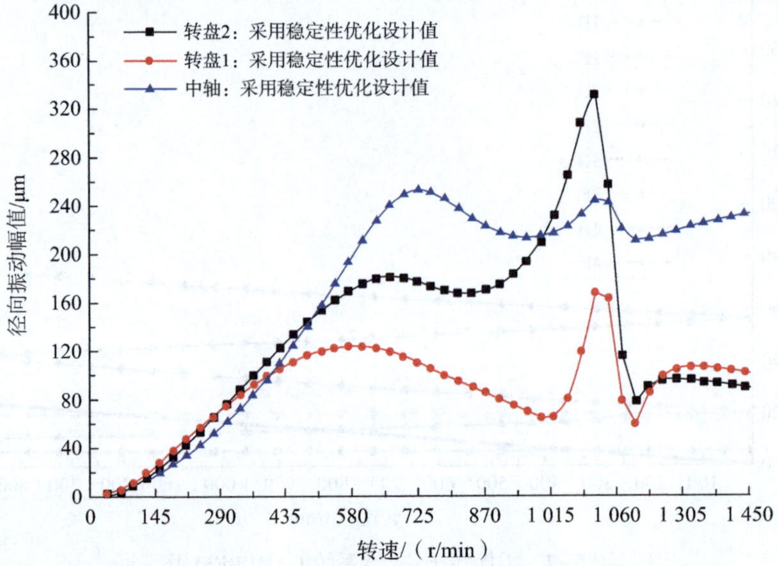

图5-8 稳定性优化时柔性转子-支承系统过临界振动响应

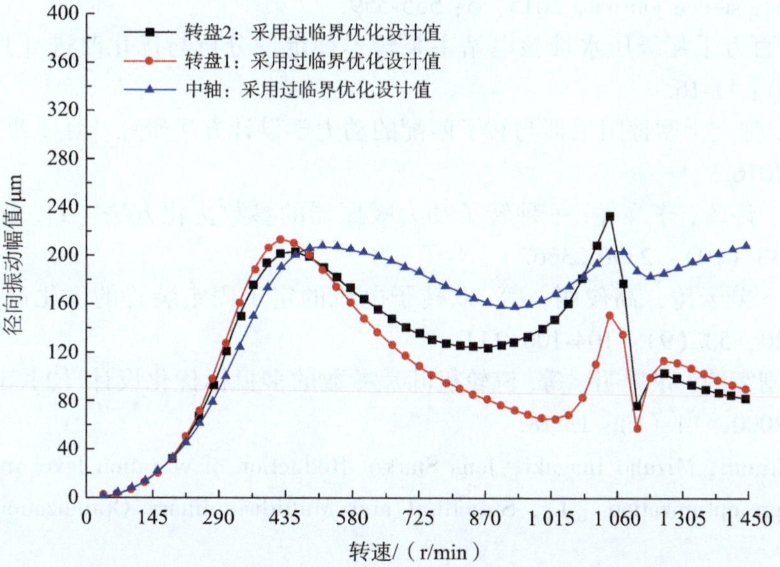

图 5-9　过临界优化时柔性转子-支承系统过临界振动响应

从图 5-9 中可以看出，相比过临界响应优化结果，采用高速运行稳定性优化结果情况的转子过临界振幅峰值增加 29.4%，仍满足过临界振幅控制指标要求，转子-支承系统可安全通过临界转速。

参考文献

[1] 黄晶晶，郑龙席，刘钢旗，等. 双盘转子系统优化算法与试验［J］. 航空动力学报，2016，31（1）：65-71.

[2] 姚学诗. 大型汽轮发电机组转子-支承系统动态优化设计研究［D］. 南京：南京航空航天大学，2001.

[3] Zhiqiang Deng，Hui Shen，Ke Wang，et al. Vibration improvement and dynamic balance antomatic optimization of rotor compressor［C］. 2nd world conference on mechanical engineering and intelligent manufacturing，2019.

[4] 黄太平，罗贵火. 转子动力学优化设计［J］. 航空动力学报，1994，9（2）.

[5] 毛文贵，傅彩明，谭加才. 大功率立式电机转子有限元结构分析与优化［J］. 电机技术，2007（1）：22-24.

[6] 蔡显新，王月华，郭小军. 航空发动机转子支承系统的优化设计［J］. 振动与冲击，2008，27（8）：56-59.

[7] 戴继双，马辉，孟磊，等. 大型离心压缩机转子系统结构参数优化设计［J］. 机械与电子，2009（8）：24-26.

[8] Jan Barta，Cestmir Ondrusek. rotor design and optimization of synchronous reluctance ma-

chine [J]. sience journal, 2015, 3: 555-559.

[9] 杜鹏程. 百万千瓦级压水堆核电站主泵转子稳定性分析与优化改进 [J]. 水泵技术, 2019 (4): 11-16.

[10] 宋明波. 弹支干摩擦阻尼器与转子匹配的动力学设计方法研究 [D]. 西安: 西北工业大学, 2016.3

[11] 刘子良, 许琦, 李文龙. 一种转子动力吸振器的参数优化方法 [J]. 航空动力学报, 2018, 33 (10): 2390-2366.

[12] 郗珂庆, 刘云涛, 高俊丽, 等. 双转子电机的定子固定装置的优化设计 [J]. 微电机, 2020, 53 (9): 104-106+111.

[13] 柴山, 刚宪约, 张耀明, 等. 汽轮机叶片参数的多目标优化设计 [J]. 山东工程学院学报, 2000, 14 (1): 13-18.

[14] Frank Strauß, Mizuho Inagaki, Jens Starke. Reduction of vibration level in rotordynamics by design optimization [J]. Structural and Multidisciplinary Optimization, 2007, 34: 139-149.

[15] 陶继忠, 吴祉群, 何朝晖, 等. 分子泵转子多学科设计优化技术 [J]. 真空, 2016, 53 (6): 1-4.

[16] 王飞, 罗贵火, 崔海涛. 基于模糊决策方法的转子系统优化设计 [J]. 机械设计与制造, 2019 (7): 39-43+47.

[17] Byung Gun Choi, Bo Suk Yang. Optimum Shape Design of Rotor Shafts Using Genetic Algorithm [J]. Journal of Vibration and Control, 2000, 6: 207-222.

[18] 王东华, 刘占生. 基于遗传算法的转子结构优化设计 [J]. 汽轮机技术, 2005, 47 (6): 407-410+455.

[19] MS Alam, MOTokhi. Modelling of a twin rotor system: a particle swarm optimization approach [J]. Proceedings of the Institution of Mechanical Engineers Part G: Journal of Aerospace, 2007, 221: 353-374.

第6章　立式转子系统中典型的不稳定因素

6.1　引论

在旋转机械中，转子往往由于各种内外部因素影响而存在进动现象。一般说来，转子产生进动的原因有以下两个方面：（1）转子系统本身存在失稳因素。如果该失稳因素太严重，系统参数匹配就很难消除失稳因素。（2）系统动力学参数匹配不当，使得本来可以消除的转子进动不能被有效地消除掉。

对于本书讨论的柔性支承立式刚性转子其稳定性问题主要关注转子-支承系统的转子摆动振型模态阻尼。转子摆动振型模态的特点是：转子表现为刚体属性，转子本身不发生变形。发生弯曲交变的部件，例如本书讨论转子中的下支承细轴在变形过程中将由于各种内阻尼的作用而产生能量消耗，细轴与转子连接部位滑动摩擦的结构将产生摩擦功耗；转子材料的内阻尼及各个连接部位的滑移内阻尼的存在将直接影响系统的模态阻尼，导致模态阻尼数值降低，内阻尼数值较大时甚至导致系统的阻尼的符号发生变化，转子进动由衰减趋势转变为发散趋势，这将对转子-支承系统稳定性构成破坏。而柔性转子的稳定性问题不仅需要关注转子-支承系统的摆动振型模态，更需关注转子低于其转动频率的弯曲振动模态。转子中各个构成部件及接触部位的材料内阻尼或滑移内阻尼将同时影响转子摆动模态阻尼和弯曲振动模态阻尼的大小，进而对转子运行稳定性造成不利影响。

本章主要介绍了转子本身存在的失稳因素及这些因素导致转子失稳的机理。重点介绍起连接作用的细长杆材料内阻尼以及细长杆与配合孔之间的滑移内阻尼等为典型内阻尼作用，对这两种典型内阻尼的损耗因子进行理论分析。为了更具体地阐释了内阻尼对于转子-支承系统稳定性的影响规律，本章最后还给出采用细长轴连接的双圆盘转子稳定性算例，计算给出柔性连接结构内阻尼特性对转子系统运动稳定性的影响规律。

6.2　内阻尼引起转子失稳的机理

6.2.1　材料内阻尼引起转子失稳的机理

旋转结构中材料弯曲引起的失稳属于材料迟滞阻尼引起的失稳。任何材料都是非完全弹性的，当材料受力后，加载时与卸载时的应力-应变曲线不重合，存在应变滞后于应力的现象。

以图 6-1 所示的模型为例介绍材料内阻尼导致转子失稳的机理。

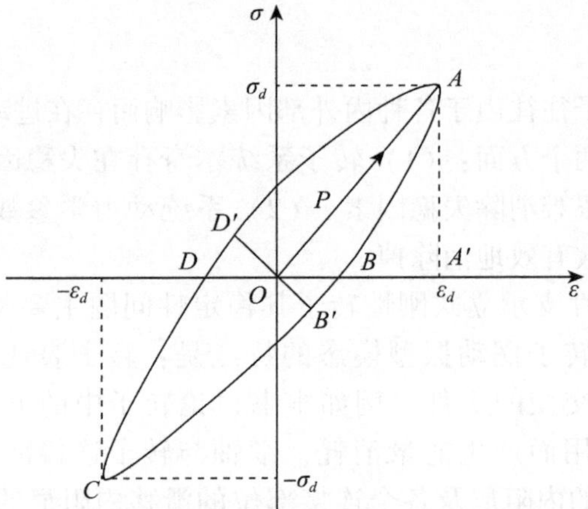

图 6-1　材料迟滞回线示意图

在初始状态，给材料加载时，应力-应变沿着 OP 曲线到达 A 点。卸载时，应力-应变沿着 AB 曲线到达 B 点。在 B 点应力为零，但留有应变 OB。继续卸载时，应力-应变沿着 BB' 曲线到达 C 点。再加载时，应力-应变沿着 CD 曲线到达 A 点。在一个循环过程中，应力-应变曲线会形成迟滞回线。迟滞回线所围的面积表示材料在一个循环中耗散的能量。由图 6-2 可说明这种滞后性引起转子不稳定性的机理。

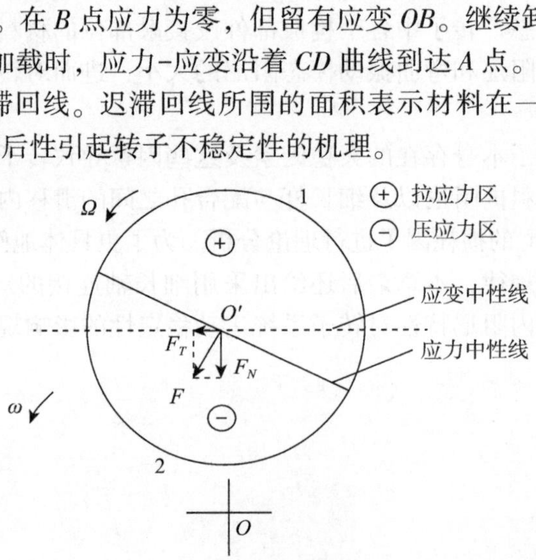

图 6-2　迟滞进动

设材料发生弯曲，支承轴线是 O 点，以角速度 Ω 围绕本身轴线 O' 点自转。由于材料弯曲变形，横截面上的 1 点处于最大拉应变点，而 2 点处于最大压应变点。由于材料内阻尼作用，材料应变滞后于应力，在应力中性线上应变不为零，需再经滞后角 ϕ 后，应变才为零。在这种情况下，弯曲应力不再指向 O 点，而是偏转一角度 ϕ。弯曲应力的切向分量 F_T 正好起着推动转子正进动的作用，成为转子失稳的内力。

6.2.2　滑移内阻尼引起转子失稳的机理

对于采用细轴与转子之间采用间隙配合的情况，如果细轴与转动件配合孔之间间隙较大导致出现松配合情况，那么二者配合面上将出现滑移阻尼作用。当细轴发生弯曲时，配合面之间就可能产生相对滑动而耗散能量。这种部件结构之间由于滑动摩擦引起能量耗散而形成的阻尼称为滑移内阻尼。图 6-3 示意了滑移内阻尼引起的转子进动。

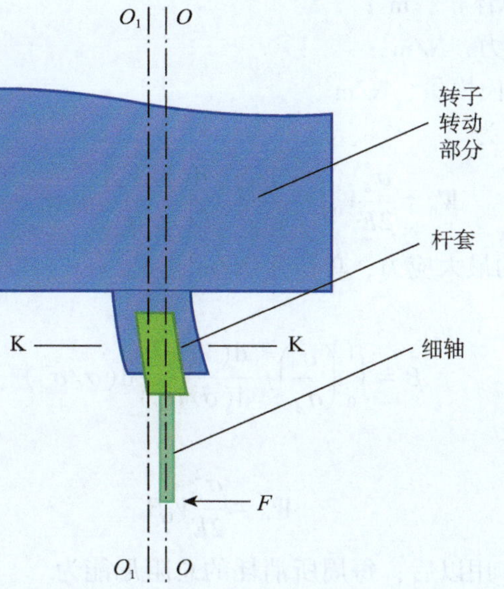

图 6-3　滑移内阻尼分析示意图

在图 6-3 中，当受到外力 F 作用时，细轴和杆套发生弯曲。细轴和杆套的自转中心为 OO，支承中心为 O_1O_1，转动件以角速度 Ω 自转。截取 K-K 面，以杆套为分析对象。对于杆套的内孔接触面，右侧这半部分接触面受到拉摩擦，而左侧这半部分接触面受到压摩擦。在接触面周向，摩擦力由拉摩擦逐渐过渡到压摩擦，是渐“合”过程，杆套这部分所受阻尼力用 P_1 表示，方向垂直向下。而由压摩擦逐渐过渡到受拉摩擦，是渐“开”过程，杆套这部分所受阻尼力用 P_2 表示，方向垂直向上。这样，相对于 OO_1 轴，阻尼力形成一阻尼力矩 M。这是一种可以引起进动的阻尼力矩。

当然，如果配合面足够紧，弯曲引起的应力不足以大于两表面之间的静摩擦力，则配合面之间就不会产生相对滑动，也就没有滑移内阻尼存在。如果实际情况是杆套与安装孔是松配合，而且其间填充了有一定润滑作用的粘接胶，则容易发生相对滑动。在这种情况下，滑移内阻尼将可能引起失稳现象。

6.3 内阻尼的理论计算

6.3.1 材料内阻尼

当细轴受到外力作用以后，细轴所存储的总应变能为

$$W_0 = \int_0^{V_0} \frac{\sigma^2}{2E} \mathrm{d}V \tag{6-1}$$

式中：W_0——细轴的总应变能，N·m；

V_0——细轴的总体积，m^3；

σ——细轴的应力，N/m^2；

E——细轴的杨氏模量，N/m^2。

将（6-1）式改变为

$$W_0 = \frac{\sigma_d^2}{2E} V_0 \int_0^1 \left(\frac{\sigma}{\sigma_d}\right)^2 \frac{\mathrm{d}(V/V_0)}{\mathrm{d}(\sigma/\sigma_d)} \mathrm{d}(\sigma/\sigma_d) \tag{6-2}$$

式中，σ_d 为细轴所受的最大应力，单位是 N/m^2。

令

$$\beta = \int_0^1 \left(\frac{\sigma}{\sigma_d}\right)^2 \frac{\mathrm{d}(V/V_0)}{\mathrm{d}(\sigma/\sigma_d)} \mathrm{d}(\sigma/\sigma_d) \tag{6-3}$$

则

$$W_0 = \frac{\sigma_d^2}{2E} V_0 \beta \tag{6-4}$$

当细轴受到外力作用以后，每周所消耗的总阻尼能为

$$W_T = D_d V_0 \int_0^1 \frac{D}{D_d} \frac{\mathrm{d}(V/V_0)}{\mathrm{d}(\sigma/\sigma_d)} \mathrm{d}(\sigma/\sigma_d) \tag{6-5}$$

式中，D_d 是在最大应力处单位体积每周消耗的比阻尼能，单位为 $N \cdot m/m^3$。

令

$$\alpha = \int_0^1 \frac{D}{D_d} \frac{\mathrm{d}(V/V_0)}{\mathrm{d}(\sigma/\sigma_d)} \mathrm{d}(\sigma/\sigma_d) \tag{6-6}$$

则

$$W_T = D_d V_0 \alpha \tag{6-7}$$

根据损耗因子的定义，

$$\eta = \frac{\psi}{2\pi} = \frac{1}{2\pi} \cdot \frac{W_T}{W_0} \tag{6-8}$$

式中：η——单位弧度消耗的总阻尼能与总应变能之比（无量纲）；

Ψ——每周消耗的总阻尼能与总应变能之比（无量纲）。

将式（6-1）、式（6-7）式代入式（6-8）得到

$$\eta = \frac{E}{\pi} \cdot \frac{D_d}{\sigma_d^2} \cdot \frac{\alpha}{\beta} \tag{6-9}$$

将式（6-2）、式（6-6）代入式（6-9），得到

$$\eta = \frac{E}{\pi} \cdot \frac{\int_0^1 Df(\sigma/\sigma_d)\,\mathrm{d}(\sigma/\sigma_d)}{\int_0^1 \sigma^2 f(\sigma/\sigma_d)\,\mathrm{d}(\sigma/\sigma_d)} \tag{6-10}$$

式中，

$$f(\sigma/\sigma_d) = \mathrm{d}(V/V_0)/\mathrm{d}(\sigma/\sigma_d) \tag{6-11}$$

式（6-11）称为应力分布函数。

为求得损耗因子 η，必须求出应力分布函数 $f(\sigma/\sigma_d)$ 和阻尼-应力函数 D。下面就计算这两个函数。

细轴的受力情况可视为悬臂梁，如图 6-4 所示：

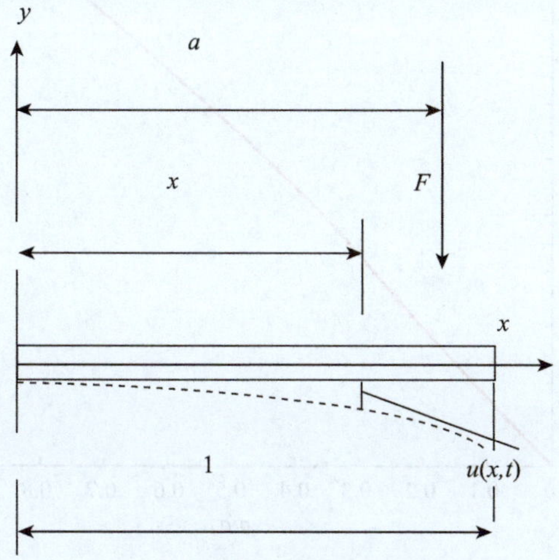

图 6-4　悬臂梁的强迫振动

当悬臂梁受到外力作用做强迫振动时，其稳态振动挠度是：

$$u(x,\ t) = \frac{F_0\left[\varphi(x)\right]_{x=a}\varphi(x)}{\rho A(\omega^2 - p^2)\int_0^l \varphi^2(x)\,\mathrm{d}x}\sin pt \tag{6-12}$$

式中：$u(x,\ t)$——梁的挠度，m；

F_0——激振力的幅值，N；

x——沿着梁的纵轴（x 轴）的坐标，m；

a——激振力的 x 轴坐标位置，m；

l——梁的长度，m；

p——激振力的角频率，rad/s；

t——时间，s；

ρ——材料密度，kg/m³；

A——梁的横截面积，m^2；

ω——固有（模态）频率，rad/s；

$\varphi(x)$——正交（模态）函数。

为了简化分析，我们作以下假设：

（1）梁的材料是各向同性的，在振动条件下，满足虎克定律；

（2）材料的拉伸杨氏模量等于压缩杨氏模量；

（3）垂直于轴线的横截面保持平面；

（4）在梁的宽度方向上，应力状态是均匀的，因此我们有一个平面问题，即二维问题；

（5）剪切应力与弯曲应力相比是很小的，因此与剪切应力相对应的材料阻尼可以忽略。

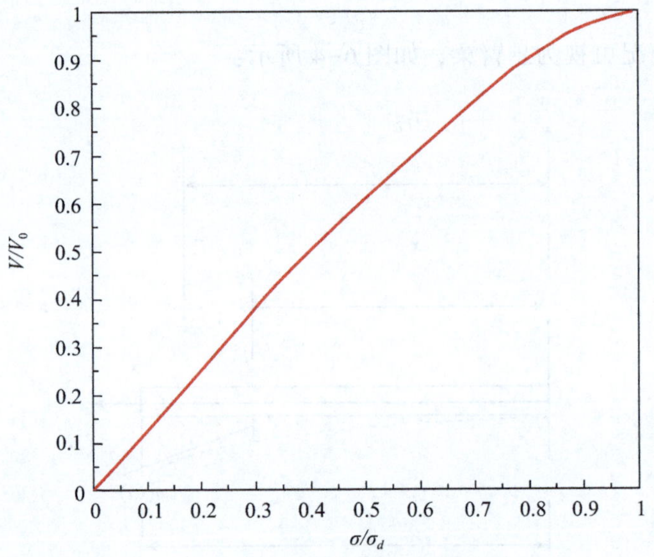

图 6-5　体积应力函数曲线

在以上假设的基础上，弯曲应力 $\sigma_t(x, y, t)$ 与挠度 $u(x, t)$ 之间的关系写为

$$\sigma_t(x, y, t) = -Ey\partial^2 u(x, t)/\partial x^2 \tag{6-13}$$

式中：σ_t——弯曲应力，N/m^2；

E——材料的杨氏模量，N/m^2；

y——沿着梁的厚度方向的坐标，m。

把方程（6-12）代入方程（6-13）中，得到：

$$\sigma_t(x, y, t) = C_f \xi(x, y)\sin pt \tag{6-14}$$

$$C_f = \frac{F_0[\varphi(x)]_{x=a}}{\rho A(\omega^2 - p^2)\int_0^l \varphi^2(x)\mathrm{d}x} \tag{6-15}$$

$$\xi(x, y) = -Ey\frac{\mathrm{d}^2\varphi(x)}{\mathrm{d}x^2} \tag{6-16}$$

因此弯曲应力幅值 σ 变为:

$$\sigma(x,\ y) = C_f \xi(x,\ y) \tag{6-17}$$

假设在点（x_d, y_d）得到最大值 σ_d，那么:

$$\sigma_d = - E y_d C_f \left[\mathrm{d}^2 \varphi(x) / \mathrm{d}x^2 \right]_{x=x_d} \tag{6-18}$$

根据方程（6-17）和方程（6-18），应力等值线方程可由下式获得

$$y\left(\frac{\sigma}{\sigma_d},\ x\right) = \frac{\sigma}{\sigma_d} \cdot \frac{\left[\mathrm{d}^2 \varphi(x) / \mathrm{d}x^2 \right]_{x=x_d}}{\mathrm{d}^2 \varphi(x) / \mathrm{d}x^2} \cdot y_d \tag{6-19}$$

应力小于 σ 的梁体积为:

$$V = 4 \int_0^l \sqrt{r^2 - y^2}\, y\left(\frac{\sigma}{\sigma_d},\ x\right) \mathrm{d}x \tag{6-20}$$

式中: r——梁的横截面半径，m。

设梁的总体积为 V_0，则体积应力函数为:

$$\frac{V}{V_0} = \frac{4}{V_0} \int_0^l \sqrt{r^2 - y^2}\, y\left(\frac{\sigma}{\sigma_d},\ x\right) \mathrm{d}x \tag{6-21}$$

对于实心圆柱悬臂梁，Lazan 等[3,4]给出的体积应力函数（6-21）式的积分结果如图 6-6 所示。

此曲线可用 6 次幂函数近似表达为:

$$\begin{aligned} V/V_0 = {} & a_1 + a_2(\sigma/\sigma_d) - a_3(\sigma/\sigma_d)^2 + a_4(\sigma/\sigma_d)^3 \\ & - a_5(\sigma/\sigma_d)^4 + a_6(\sigma/\sigma_d)^5 - a_7(\sigma/\sigma_d)^6 \end{aligned} \tag{6-22}$$

其中，a_1-a_7 为各项的系数。

则应力分布函数:

$$\begin{aligned} f(\sigma/\sigma_d) & = \mathrm{d}(V/V_0)/\mathrm{d}(\sigma/\sigma_d) \\ & = b_1 - b_2(\sigma/\sigma_d) + b_3(\sigma/\sigma_d)^2 \\ & - b_4(\sigma/\sigma_d)^3 + b_5(\sigma/\sigma_d)^4 \\ & - b_6(\sigma/\sigma_d)^5 \end{aligned} \tag{6-23}$$

其中，b_1-b_6 为各项的系数。

阻尼-应力函数取决于材料特性，不取决于零件的大小和负载方式。Lazan 等人的研究结果认为，阻力-应力函数可表示为应力的幂函数:

$$D = J\left(\frac{\sigma}{\sigma_e}\right)^n \tag{6-24}$$

式中: D——每周阻力应力函数，N · m/m³;

σ——材料内部所受应力，N/m²;

σ_e——材料的疲劳极限，N/m²;

J——材料常数，N · m/m³;

N——材料常数。

对于一个细长细轴，可以计算得到 D 值，进而利用上述给出的公式求得 η 与 σ_d 的关系，典型的 η 与 σ_d 曲线如图 6-6 所示。

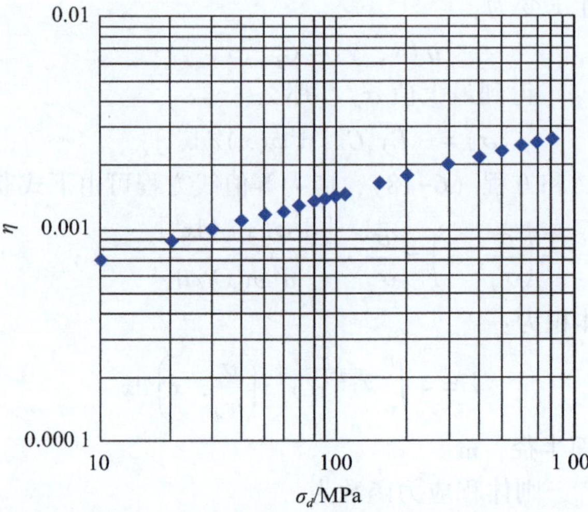

图 6-6　损耗因子与最大应力函数曲线

6. 3. 2　滑移内阻尼的计算

当杆套弯曲并发生滑动摩擦时，一边受拉摩擦，一边受压摩擦，都是分布参数。现假设为集中参数，即两边各有一点产生滑动摩擦，摩擦功耗等于摩擦力乘以所经过的距离。

当细轴下端受力 F 作用时，产生一位移 x，设细轴刚度为 k，则 $F=kx$。这时杆套上下两端与配合孔的左右两边相碰，细轴受到 F_1 和 F_2 两力的作用。杆套两端与配合孔的位移为 y，此处产生摩擦而消耗能量。细轴的力平衡为：

$$F_2 = F_1 + F \tag{6-25}$$

若把 F_2 看成支点，力矩的平衡为：

$$F_1 L_1 = F L_2 \tag{6-26}$$

由上述两式，求出：

$$F_1 = kx \frac{L_2}{L_1} \tag{6-27}$$

$$F_2 = kx \frac{L_1 + L_2}{L_1} \tag{6-28}$$

设杆套与配合孔的摩擦系数为 μ，则两摩擦力为：

$$f_1 = \mu kx \frac{L_2}{L_1} \tag{6-29}$$

$$f_2 = \mu kx \frac{L_1 + L_2}{L_1} \tag{6-30}$$

两摩擦力所消耗的能量分别为：

$$W_1 = \mu kx \frac{L_2}{L_1} y \tag{6-31}$$

$$W_2 = \mu kx \frac{L_1 + L_2}{L_1} y \tag{6-32}$$

又：

$$\frac{y}{D_1} = \frac{D_2 - D_1}{L_1} \tag{6-33}$$

则：

$$y = \frac{D_1}{L_1}(D_2 - D_1) \tag{6-34}$$

代入式（6-31）得：

$$W_1 = \mu kx \frac{L_2}{L_1^2} D_1 (D_2 - D_1) \tag{6-35}$$

$$W_2 = \mu kx \frac{L_1 + L_2}{L_1^2} D_1 (D_2 - D_1) \tag{6-36}$$

两摩擦力所消耗的能量之和为：

$$W = W_1 + W_2 = \mu kx \frac{L_1 + 2L_2}{L_1^2} D_1 (D_2 - D_1) \tag{6-37}$$

每周两摩擦力所消耗的能量之和为：

$$W_T = 2W \tag{6-38}$$

外力所加总能量为：

$$W_0 = \frac{1}{2} kx^2 \tag{6-39}$$

根据定义，可求得损耗因子：

$$\eta = \frac{W_T}{2\pi W_0} = \frac{2}{\pi} \frac{\mu}{x} \left(\frac{1}{L_1} + \frac{2L_2}{L_1^2} \right) D_1 (D_2 - D_1) \tag{6-40}$$

此式物理意义非常清楚：损耗因子 η 与摩擦系数 μ、配合孔直径 D_1 和配合间隙 $(D_2 - D_1)$ 成正比，与配合长度 L_1、细轴顶端振幅 x 成反比。摩擦系数越大，则摩擦功耗越大，当然损耗因子越大。配合孔直径 D_1 越大，滑动距离就越大，则损耗因子越大。配合间隙越大，越易产生滑动，则损耗因子越大。配合长度越长，越不易产生滑动，则损耗因子越小。细轴顶端振幅越大，表明输入能量越大，当然损耗因子越小。

6.4 连接轴内阻尼对柔性转子稳定性的影响

6.4.1 计算对象

上文中通过简单数学推导并结合物理图像描述给出了各种内阻尼现象对转子运动稳定

性的影响机理。为了更加直观地说明内阻尼对转子稳定性的影响规律，采用3.3章节中细长轴连接的双圆盘柔性转子承系统为例，具体计算内阻尼对转子稳定性的影响规律。除了柔性连接轴的内阻尼系数外，采用的计算参数沿用3.3章节中各参数值。

6.4.2 内阻尼对稳定性的影响计算

为了便于计算，假设柔性连接轴处的各类内阻尼作用可以等效为粘性阻尼且呈线性，将其描述为连接轴单位弯曲角速度所对应的阻力矩值。

在前序章节中已经介绍，双圆盘柔性转子的稳定性问题主要关注转子一阶弯曲振动模态对应的模态阻尼比，该阶模态阻尼比越大说明转子的稳定性越好。算例中将内阻尼系数设定为一个较小数值0.1 Nms/rad。通过计算给出了不同转速下内阻尼对一弯模态阻尼比的影响曲线，见图6-7。为了易于比较，不考虑内阻尼情况的计算结果同样展示在图中。

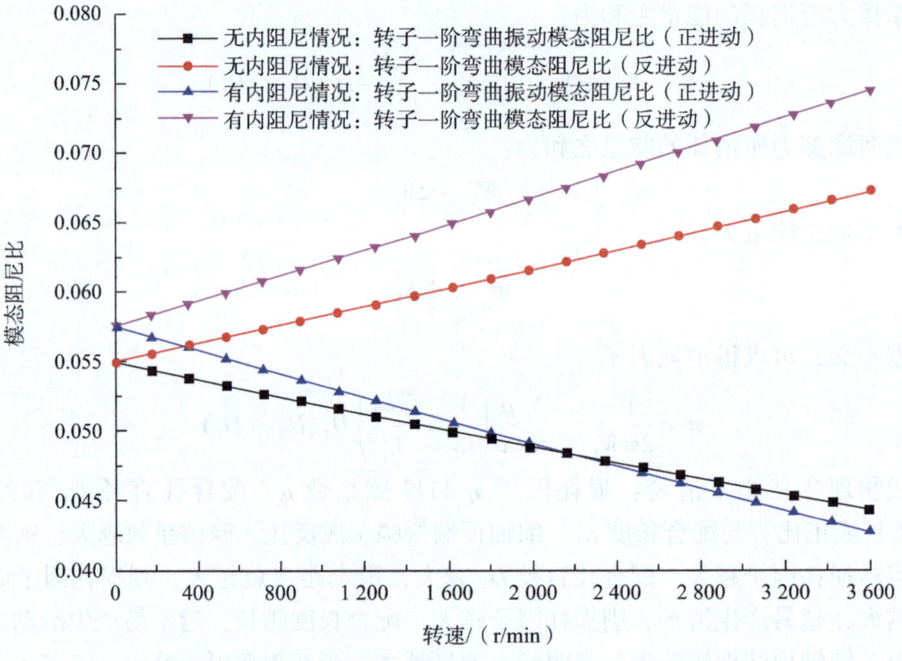

图6-7 柔性连接件内阻尼对柔性转子一阶弯曲进动模态稳定性的影响

可以看出，随着转速增加，一弯模态阻尼比不断减小，有内阻尼情况的衰减速度显著快于无内阻尼情况。两种情况下的计算曲线在转速2 150 r/min附近形成一个交汇点，这个交汇点的转速恰好为转子的一阶弯曲临界转速。

进一步分析发现，当转速低于一弯临界转速时，柔性连接件内阻尼对模态阻尼比有“正贡献”，即内阻尼在一定程度上增强了转子运行的稳定性；当转速高于一弯临界转速时，即转子通过一弯临界之后，内阻尼对模态阻尼比产生“负贡献”，即内阻尼的存在导致转子的稳定性明显劣化。相比之下，在实际机械工程领域，人们对于转子在高速运转状态下，尤其是在工作转速下的稳定性指标要求要比转子低速运转状态下的指标要求要高得多，并且多数柔性转子通常工作在转子的一阶弯曲临界转速之上，因此，在转子设计过程中减小甚至柔性连接件处的内阻尼，包括结构内阻尼、材料内阻尼等，是设计与制造过程中需要重点考量的问题。

6.4.3 柔性转子失稳转速计算

在上文介绍的算例中可以看出，无论内阻尼是否存在，转子一阶弯曲进动模态的模态阻尼比都会随着转速增加而不断减小。实际上，当转子不存在内阻尼时，由于外设阻尼器的能量消耗作用，转子模态阻尼比并不会减小到零点；而当转子存在内阻尼影响时，转子模态阻尼比不仅能够减小到零点，甚至会发生符号改变，这意味着该模态运动失去稳定性。

在内阻尼影响下，转子模态阻尼比随着转速增加而减小到零点，所对应的转速实际上是转子一阶弯曲进动失稳转速。在不同强度的内阻尼作用下，转子的失稳转速存在明显差别。下图给出了不同内阻尼下算例中柔性转子一阶弯曲模态阻尼比的计算结果。

由图 6-8 可以看出，随着内阻尼的不断增加，转子一弯模态的稳定性不断劣化，失稳转速不断降低，例如，当内阻尼数值为 0.7 Nms/rad 时，失稳转速出现在 6 600 r/min 附近，而当内阻尼数值增大至 2.0 Nms/rad 时，失稳转速显著降低，出现在 3 700 r/min 附近。

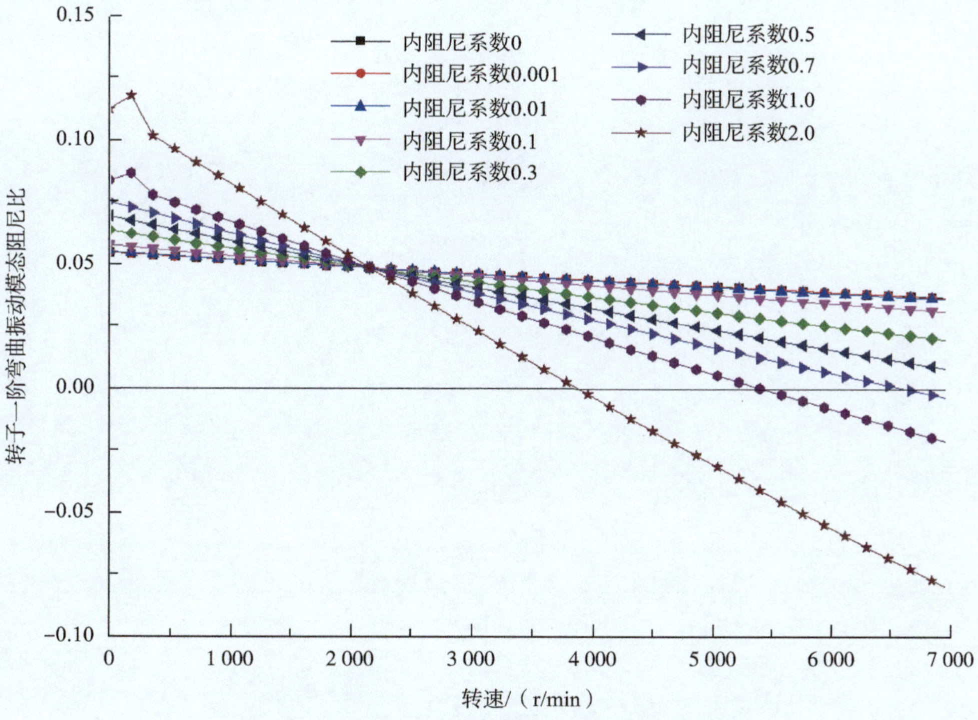

图 6-8　不同内阻尼下的转子一弯模态失稳转速

参考文献

[1] 郭慈明. 转子-支撑系统稳定域的规划方法［R］. 天津：核工业理化工程研究院，1999.
[2] 李韶淦. 旋转机械的振动和稳定性问讨论［R］. 天津：核工业理化工程研究院，1994.
[3] 文捷，王元丰. 钢筋混凝土轴压构件材料阻尼计算及应用公式［J］. 振动与冲击，2007（06）：14-16+25+180.
[4] ZLazan B J, Damping of material and members in structural mechanics［M］. London：Pergamon Press, 1968.

第7章　支承与阻尼器

在研究旋转机械行为、可靠性和寿命中，轴承往往是决定性的因素。在正常运行时，轴承是受力密度最高的主要部件之一。它的选择和匹配需要精心设计，运行中还需要小心维护。最常见的轴承是机械轴承，在高速旋转机械中经常用到流体轴承，这种轴承在转动件和非转动件之间有一层流体（液体或气体）作为力的承受介质。现在还发展了主动电磁轴承，它是一种没有机械接触的用电磁力控制的轴承。

阻尼器经常与轴承相连接，它通过给转子-支承系统施加外阻尼而使转子在启动-运行-停车整个过程中振幅不会超过设计值。阻尼器主要功能是减小转子振动的幅值、提高转子稳定性和调节系统特征频率等。阻尼器有很多类型，本章将介绍立式小型转子系统常用的粘性油阻尼器和挤压油膜阻尼器的基本原理。工程实践表明，阻尼值并非越大越好，所以存在一个对于给定的转子-支承系统特定振动模态进行阻尼参数优化的问题。

下面，我们将首先论述动力吸振器的概念，以此解释转子、轴承和阻尼器三者的基本关系。进而介绍常用的油阻尼器工作原理，以及粘性油阻尼器和挤压油膜阻尼器的各自特点。

7.1　动力吸振器的工作原理（Dynamic Vibration Absorber）

动力吸振器是在振动的主系统上附加一个质量-弹簧-阻尼机构（成为吸振器），通过调谐的方法把主系统的振动能量吸引到吸振器并加以耗散。动力吸振器发明人是 Frahm（1909），MIT 的 Der Hartop 曾对它做过详细研究。

如图 7-1 是具有动力吸振器的振动系统，根据图 7-1 右的受力关系，可以列出以下方程：

$$\begin{aligned} M&:\begin{cases} M\ddot{x}_1+(K_1+K_2)x_1-K_2x_2=P_0\sin\omega t \\ m\ddot{x}_2+K_2(x_2-x_1)+K_3x_2=0 \end{cases} \\ m&: \end{aligned} \tag{7-1}$$

如果要求上式的稳态解，可设：

$$x_1=X_1\sin\omega t,\ x_2=X_2\sin\omega t \tag{7-2}$$

注意这里假定无阻尼，所以稳态解不用考虑相位滞后。

公式（7-2）代入式（7-1）有：

$$X_1(-M\omega^2+K_1+K_2)-K_2X_2=P_0 \tag{7-3}$$

$$-K_2X_1+X_2(-m\omega^2+K_2+K_3)=0 \tag{7-4}$$

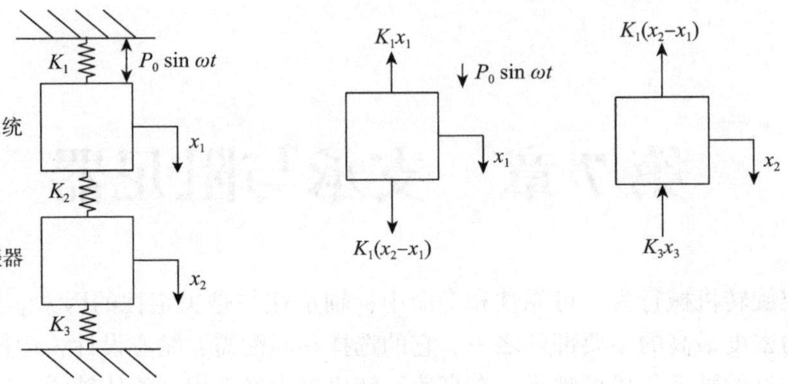

图 7-1 具有动力吸振器的振动系统

由式（7-4）得到：

$$\frac{X_1}{X_2}=\frac{-m\omega^2+K_2+K_3}{K_2}=\frac{1-\dfrac{m}{K_2+K_3}\omega^2}{\dfrac{K_2}{K_2+K_3}}=\frac{1-\left(\dfrac{\omega}{\omega_\alpha}\right)^2}{\bar{K}^2} \tag{7-5}$$

这里，$\omega_\alpha=\sqrt{\dfrac{K_2+K_3}{m}}$ 称为质量块 m 的约束频率

$\bar{K}^2=\dfrac{K_2}{K_2+K_3}$ 是与刚度比有关的参数。

从上式立即可看到：

当 $\omega=\omega_\alpha$ 时 $X_1/X_2=0$，即主系统振幅为零。

这时由式（7-3）得：

$$X_2=\frac{-P_0}{K_2} \tag{7-6}$$

式（7-6）时表示吸振器振动幅值为：$\dfrac{-P_0}{K_2}\sin\omega t$，相当于外力 $P_0\sin\omega t$ 反向加在吸振器上。

从以上推导我们可以看到，对于转子（在此处称为主系统 M），可以采用串联一个吸振器附加在主系统上，同时选择适当的动力学参数进行“调谐（Tune）”，使得主系统的振幅大大减小。这是二自由度振动的一个特有性质。

注意，这里还没有阻尼项，所以，问题还没有得到彻底解决。为了解决以上问题需引进阻尼，见图 7-2。

$$\begin{cases} M\ddot{X}_1+(K_1+K_2)X_1-K_2X_2=P_0e^{i\omega t} \\ m\ddot{X}_2+c\dot{X}_2+K_2(X_2-X_1)+K_3X_2=0 \end{cases} \tag{7-7}$$

引进阻尼之后方程的解会复杂一些，其结果之一可以见图 7-3 中 C=常数的曲线。主系统和吸振器相关的两个固有频率振幅在阻尼作用下明显下降。还可以对参数进行优化，优化目标根据情况而定。Den Hartop 对于非旋转系统选择两个峰的幅值相等，在旋转机械问题上可能频率高的峰值需要更低一些，因为振动能量与角频率平方成正比。

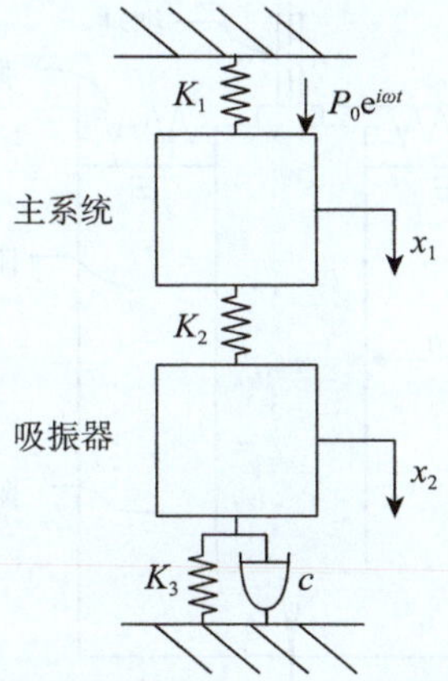

图 7-2　带有阻尼项的动力吸振器的振动系统

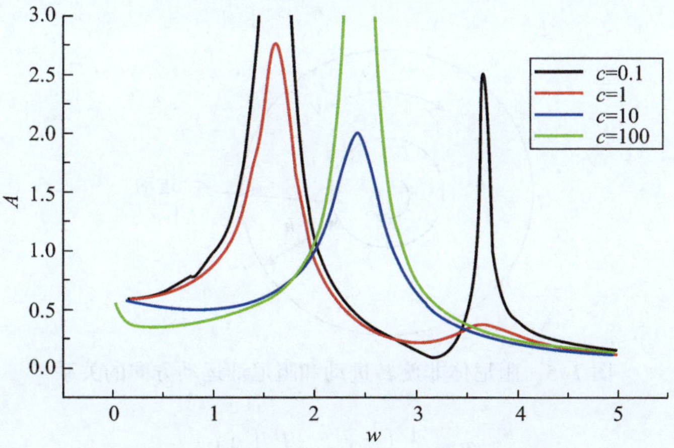

图 7-3　不同阻尼下主系统的振动示意图

7.2　粘性阻尼器的附加质量

图 7-4 是某一粘性阻尼器结构示意图，与转子一起旋转的细轴带动阻尼体做锥状进动（阻尼体不作转动），阻尼体周围的阻尼油也跟随着运动。阻尼油的运动比较复杂，但它总体上跟随阻尼体在阻尼室里做圆周运动。可以采用**附加质量**的概念，把一部分阻尼油的质量折合到阻尼体质量上去，结果是阻尼体质量增加了。描述这样的粘性阻尼器一般用三个主要参数：阻尼系数、刚度、阻尼体质量加上附加质量。

设阻尼体在细轴带动下做 ω 的进动，周围流体随之运动。

其中流体速度 v_θ ，则阻尼油的动能为

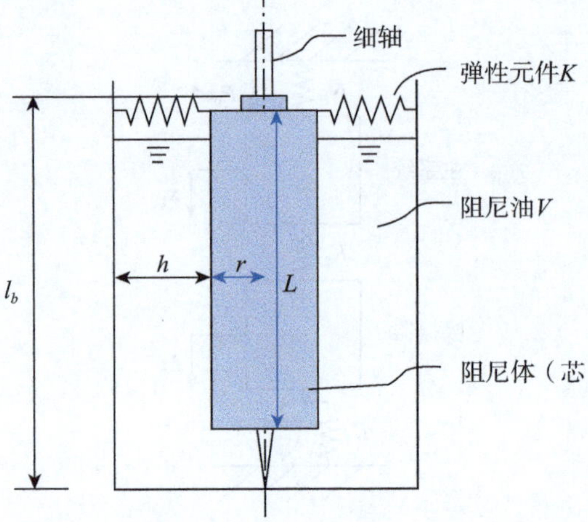

图 7-4　粘性阻尼器原理示意图

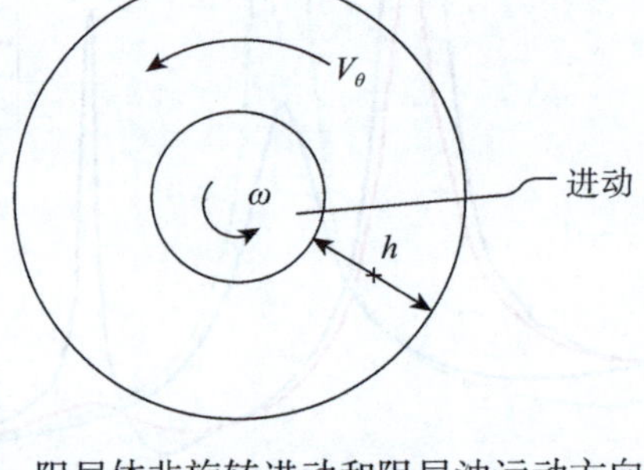

图 7-5　阻尼体非旋转进动和阻尼油运动方向的关系

$$T = \frac{1}{2}\int v_\theta^2 \mathrm{d}m = \frac{\rho}{2}\int_V v_\theta^2 \mathrm{d}V \tag{7-8}$$

令：$T = \frac{1}{2}J_t^* \omega^2 = \frac{1}{2}l_b^2 m^* \omega^2 J_t^*$ ——附加质量对 O 点转动惯量；

则：

$$m^* = \frac{2T}{l_b^2\omega^2} m^* \tag{7-9}$$

m^* 被称为附加质量。

阻尼器的固有频率为：

$$f_d = \frac{1}{2\pi}\sqrt{\frac{K}{m + m^*}} \tag{7-10}$$

如果阻尼油在层流、二次方流速分布的假设下可得：

$$m^* \propto \rho \frac{L^3 r^3}{l_b^2 h} \tag{7-11}$$

以上指阻尼体在以恒定的幅度和角速度进动，所以阻尼系数不变。对幅度变化情况，如横向振动，阻尼系数是变化的。所以要采用等效阻尼的概念。

7.3　挤压油膜阻尼器（Squeeze Oil-film Damper）

挤压油膜阻尼器是基于流体动力润滑原理而工作的。采用挤压油膜的方式时阻尼作用和轴承的定位作用应该是同时存在的。描述挤压油膜过程采用经典的雷诺方程。

7.3.1　雷诺（Raynolds）方程

雷诺方程是流体动力学 N-S（Navier-Stocks）方程的一种特殊形式。

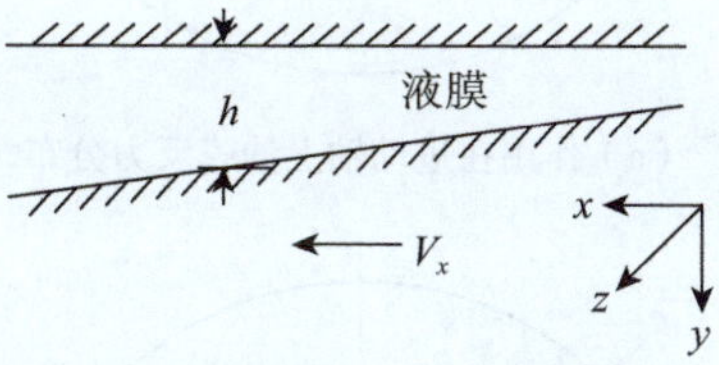

图 7-6　流体动力润滑原理图

雷诺方程的基本假设是不可压牛顿流体、小液膜厚度、厚度方向无压力梯度、层流和定常。方程的形式是：

$$\frac{\partial}{\partial x}\left(\frac{h^3}{\mu}\frac{\partial P}{\partial x}\right)+\frac{\partial}{\partial z}\left(\frac{h^3}{\mu}\frac{\partial P}{\partial z}\right)=6V_x\frac{\partial h}{\partial x} \tag{7-12}$$

其中 h 为油膜厚度，$P(x, z)$ 为压力，μ 为流体动力学黏度，V_x 为滑块速度。

图 7-7 外部阴影部分是不动的外轴承，内部是作进动的轴承。

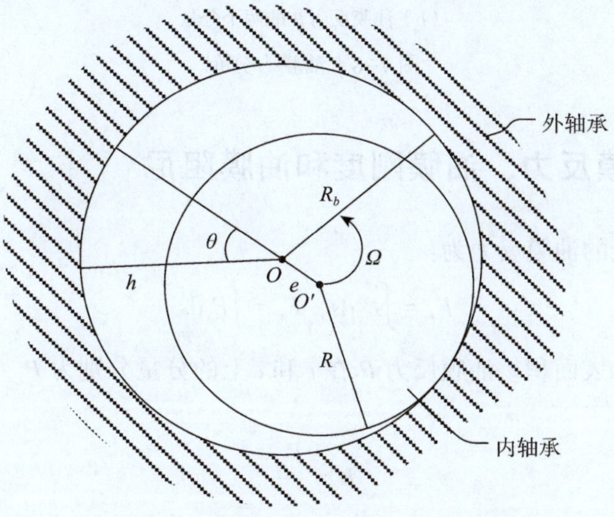

图 7-7　挤压油膜轴承方程参数示意图

Ω 为进动角速度，h 为油膜厚度（较小），$c = R_b - R$ 静态间隙，e 为实际偏心距。

则方程为：

$$\frac{1}{R^2}\frac{\partial}{\partial\theta}\left(\frac{h^3}{\mu}\frac{\partial P}{\partial\theta}\right)+\frac{\partial}{\partial z}\left(\frac{h^3}{\mu}\frac{\partial P}{\partial z}\right)=-12\Omega\frac{\partial h}{\partial\theta} \tag{7-13}$$

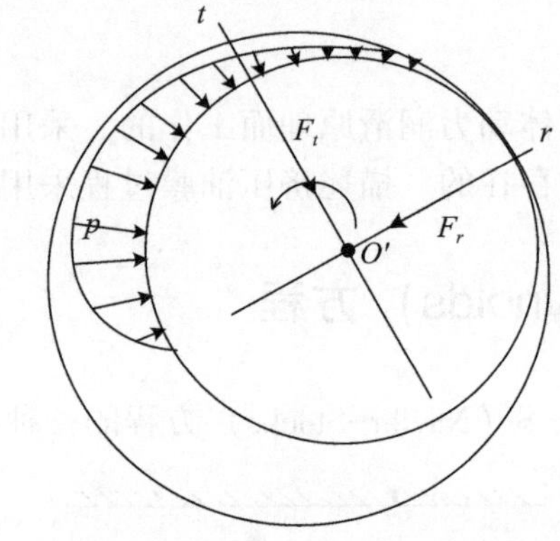

（a）作用在进动轴上油膜反力分布

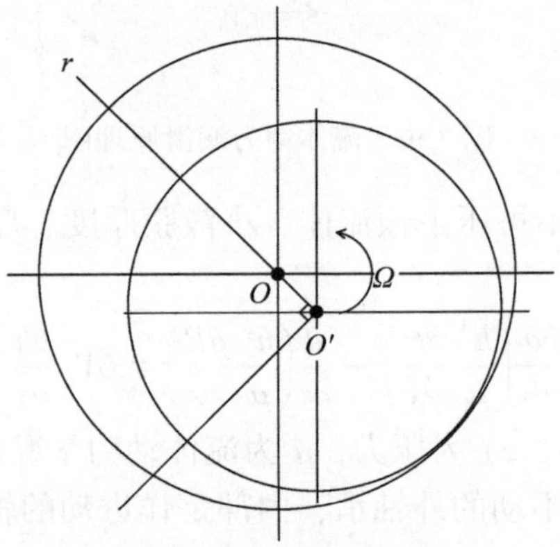

（b）油膜反力在的两个分量

图 7-8　油膜力分布

7.3.2　油膜反力、油膜刚度和油膜阻尼

作用在动轴承上的油膜反力为：

$$F_r=\int_S P_r \mathrm{d}s,\quad F_t=\int_S P_t \mathrm{d}s \tag{7-14}$$

其中 S 是内轴承表面积。油膜反力 P 在 r 和 t 上的分量分别为 P_r，P_t，它们定义为：

油膜刚度：

$$K=\frac{F_r}{e} \tag{7-15}$$

方向：轴偏心反方向。

油膜阻尼：

$$d = \frac{F_t}{e\Omega} \tag{7-16}$$

方向：与进动方向相反。

7.3.3 不同长度轴承的油膜反力

对于长轴承，式（7-13）中与轴向坐标 z 相关的量的变化可以忽略，方程可以得到简化，从而求出其解：

$$\begin{cases} \dfrac{1}{R^2}\dfrac{\partial}{\partial\theta}\left(\dfrac{h^3}{\mu}\dfrac{\partial P}{\partial\theta}\right) = -12\Omega\dfrac{\partial h}{\partial\theta} \\ F_r = \dfrac{\mu\omega LR^3}{c^2}\left[\dfrac{12t^2}{(2+t^2)(1-t^2)}\right] \\ F_t = \dfrac{\mu\omega LR^3}{c^2}\left[\dfrac{6\pi t^2}{(2+t^2)(1-t^2)^{\frac{1}{2}}}\right] \quad (e < c) \end{cases} \tag{7-17}$$

这里，$c = R_b - R$，$t = \dfrac{e}{c}$，L 为轴的长度。

对于短轴承，主要考虑轴向压强变化，因而忽略公式（7-13）中与 θ 相关的项，进一步求解方程：

$$\begin{cases} \dfrac{\partial}{\partial z}\left(\dfrac{h^3}{\mu}\dfrac{\partial P}{\partial z}\right) = -12\Omega\dfrac{\partial h}{\partial\theta} \\ F_r = \dfrac{\mu\omega L^3R}{c^2}\left[\dfrac{t^2}{(1-t^2)^2}\right] \\ F_t = \dfrac{\mu\omega L^3R}{c^2}\left[\dfrac{\pi t}{4(1-t^2)^{\frac{3}{2}}}\right] \end{cases} \tag{7-18}$$

从长轴承和短轴承解的表达式可以看出：长轴承的油膜刚度和油膜阻尼对轴承半径敏感，而短轴承则对轴承长度敏感，这种敏感程度都是 3 次方的关系。而另外一个参数（对长轴承是 L，对短轴承是 R）则只是 1 次方关系。了解这些关系对于工程上判断问题有帮助，如一般轴承较短，如果需要提高支承反力，那么增加一倍轴向长度就不是简单地增加一倍支撑力，而有可能 8 倍。

油膜轴承如果不是完整的油膜的话，情况会比较复杂。可以用 Stribeck 曲线来描述油膜变化引起的摩擦。

图 7-9（a）中，Z 是黏度、N 是转速（r/min）、P 是轴承单位长度上的载荷（$\mathrm{lb/in^2}$）。由图 7-9（b）可以看到：随着油膜从大到小，轴承间的接触面经历了完整油膜摩擦，边界摩擦和干摩擦三个阶段。完整的油膜摩擦中轴承能量损失主要通过流体摩擦消耗，数量比较低；干摩擦的能量消耗最大，它遵从比如库仑摩擦定律；而界于这两者之间的是边界摩擦，它最大的特点是摩擦系数变化很大。

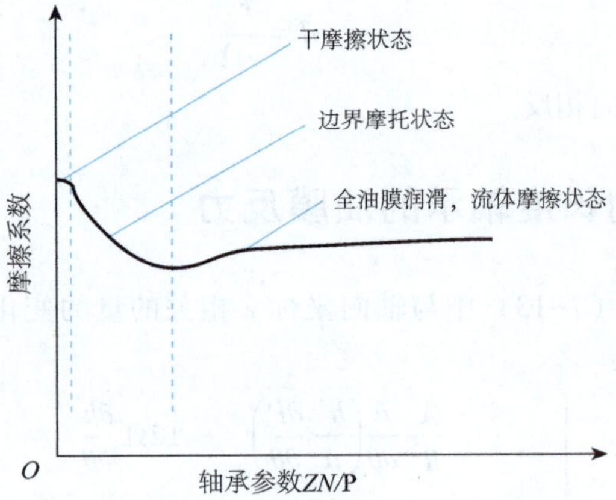

(a)

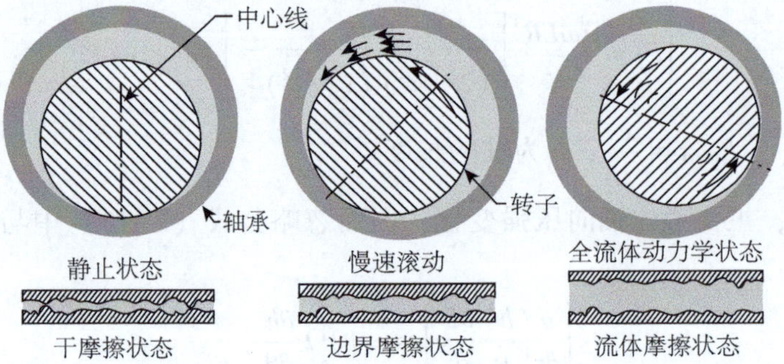

(b)

图 7-9　关于油膜厚度和摩擦力的 Stribeck 曲线

7.4　阻尼器油膜压强与厚度关系

前面讲述了黏性油阻尼器和挤压油膜阻尼器，它们在原理方面看似没有什么关系。因为粘性阻尼器采用简单的刚度、阻尼和质量参数来描述，而挤压油膜阻尼器则要求解雷诺方程，最后导出采用油膜刚度和油膜阻尼来描述。

但从某些具体结构上看，他们有时又很相似，都是运动和静止的轴与轴套之间存在流体，而轴与套没有直接接触。

黏性阻尼器中阻尼油的厚度比较大，而挤压油膜阻尼器油膜厚度比较小。问题是这个可以连续变化的油膜厚度有没有分界点？什么时候需要用挤压油膜阻尼器理论来处理，什么时候用简单的粘性阻尼器参数描述就足够了呢？这是下面实验想要回答的问题。

实验装置和测量系统见图 7-10，其中处于阻尼室中间的阻尼芯在弹簧组件定位下可作锥形进动。原始状态下阻尼芯与阻尼室之间的间隙为 c，称为油膜间隙。实验中分别采用了 0.1 mm、0.2 mm、0.3 mm、0.5 mm、1.0 mm、1.5 mm 六个间隙。

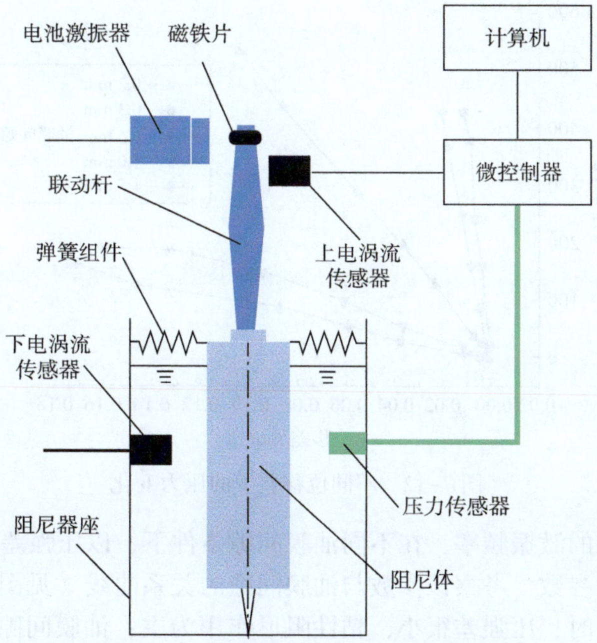

图 7-10　有阻尼器间隙和动压关系实验示意图

上图中，采用量程为 0~1 000 Pa、精度 1 Pa 的微压传感器，通过小直径的测压孔测量阻尼芯和阻尼室之间流体压强的变化。为了驱动阻尼芯进动，采用电磁激振器产生不同频率的正弦激振力，激振力频率 f 可调精度为 0.1 Hz。选择若干个不同的激振频率，驱动阻尼芯在给定频率下作不同振幅的进动。通过电涡流传感器（精度优于 0.002 mm）测量阻尼芯的位移差数值 Δx；通过压力传感器测量该位移差下油膜压力的变化（压强差）ΔP。

图 7-11 和图 7-12 分别给出不同激振频率和不同油膜厚度下压强差与位移差的关系，这些曲线基本上为直线，即压强差与位移差成正比。图中显示，直线斜率随激振频率的增大而增大，随油膜厚度的增大而减小。

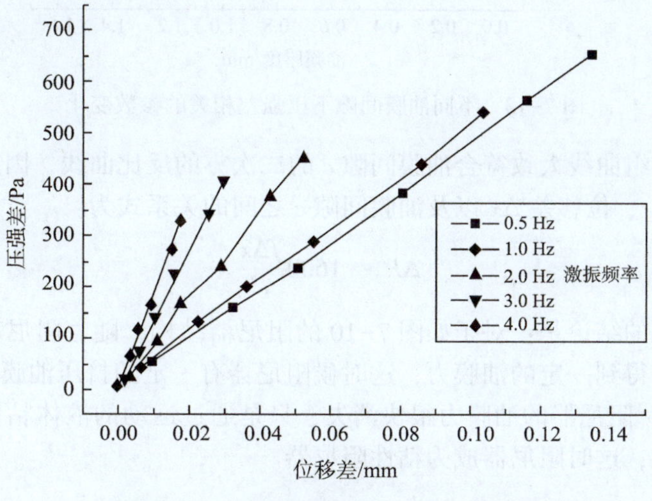

图 7-11　不同激励频率下的压力变化

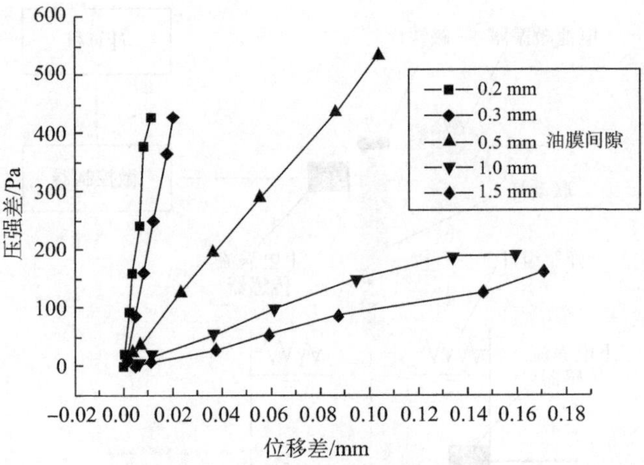

图 7-12　不同位移差下的压力变化

选择了 4 个典型的激振频率，在不同油膜间隙条件下，以压强差与位移差和激振频率乘积之比作为专门的参数，考察该参数与油膜间隙的关系曲线（见图 7-13）。从图中可以看到，油膜间隙较大时，压强差很小，粘性阻尼作用为主；油膜间隙小于 0.5 mm 后，压强差迅速增大，表现出挤压油膜阻尼器的特点。

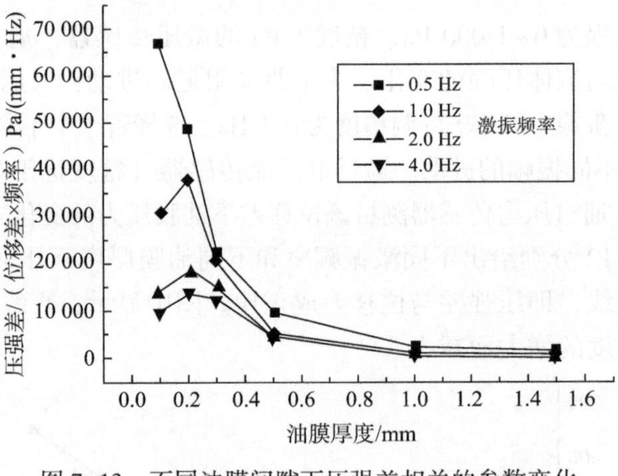

图 7-13　不同油膜间隙下压强差相关的参数变化

分析发现：该组曲线大致符合油膜间隙 c 的二次方的反比曲线，因此，最后得到压强差 ΔP 与激励频率 f、位移差 Δx 以及油膜间隙 c 之间的关系式为：

$$\Delta P \approx 1600\frac{f\Delta x}{c^2} \tag{7-19}$$

通过实验得到的结论是：对于如图 7-10 的阻尼器结构，随着阻尼芯与阻尼室内壁间隙由大到小，可以得到一定的油膜力，这时候阻尼器有一定的挤压油膜阻尼器特性，随后（在间隙>0.5 mm）阻尼器的油膜力很快消失，只是通过运动的液体粘性耗散来达到抑制振动的作用，因此，这时阻尼器成为粘性阻尼器。

第 8 章　转子碰摩的非线性动力学问题

8.1　引论

目前在高速旋转机械领域在设计过程中会尽量回避非线性设计，因为那样会给接下去的工作带来许多复杂性和控制的难度。然而，在实际的工程应用领域非线性动力学问题还是存在的，常见的非线性问题来自于摩擦，比如转子细轴与轴承的摩擦，或者转子在异常大振幅下与边界的摩擦；有些阻尼器，如挤压油膜阻尼器、碰撞阻尼器等会有非线性问题；高转速下局部的变形可能超过线性的弹性极限，等等。以上问题多数在合理设计的高速旋转机械中不易出现，但在某些柔性支承转子应用场合，有时需要专门设置合理的碰摩校正机构来帮助转子在受到扰动后恢复到稳定状态，或者在转子异常大幅度振动时起到限位、消能的功能，在主动电磁轴承中它充当失电时的备份轴承。由于校正机构在工作时存在与转子的碰撞，同时发生周向的摩擦，在转子动力学行为中称之为转子与定子的碰摩问题，属于非线性范畴。本章介绍一个典型的转子与定子碰摩的非线性动力学分析例子。

8.2　转子与定子的碰摩算例

转子与定子的碰摩问题是典型的非线性问题，也是 20 世纪八九十年代研究的热门课题。转子和定子的碰摩可能发生在过临界、外界干扰和运行状态变差等时候。由于伴随着径向的碰撞还有切向的摩擦，从动力学上讲转子倾向于不稳定（这里没有考虑转子碰撞时强度破坏问题）。另外，摩擦力是非线性的，所以描写碰摩过程转子系统的方程一般是非线性的，其解增加了复杂性。不过，似乎碰摩不完全是不好的行为，作为防止转子失稳或者主动磁轴承失电时的保护轴承就存在碰摩问题，碰撞阻尼器也是根据碰摩来消能的。以下例子试图通过研究转子与定子的碰摩行为特性，了解转子在不同外来作用力下可能存在的稳定区间。

图 8-1 是一个简单转子和固定的定子的模型，其中转子假设为 Jeffcott 模型，定子与转子静止时存在一定的间隙，转子和定子碰摩时，转子会受到附加的冲击力和摩檫力。

已知在转子与定子没有接触时，可以采用 Jeffcott 转子来描述其运动：

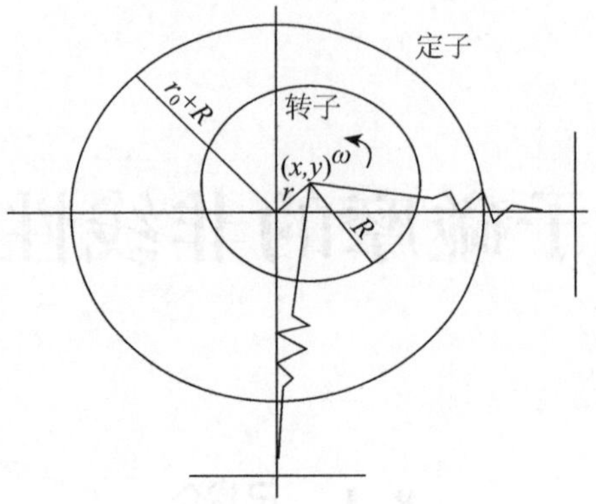

图 8-1　转子-定子碰摩计算模型

$$
\begin{cases}
m\dfrac{\mathrm{d}^2x}{\mathrm{d}t^2}+c\dfrac{\mathrm{d}x}{\mathrm{d}t}+kx=em\omega^2\cos\omega t\\
m\dfrac{\mathrm{d}y^2}{\mathrm{d}t^2}+c\dfrac{\mathrm{d}y}{\mathrm{d}t}+ky=em\omega^2\sin\omega t
\end{cases}
\tag{8-1}
$$

其中假定：

1）定子不动，其表面硬度比转子支承刚度大几个数量级；转子与定子摩擦符合库仑摩擦定律。

2）碰摩过程中转子转速不变（忽略由于电机扭矩不足转速的下降）。

转子碰撞条件：

$$
r=\sqrt{x^2+y^2}\geqslant r_0 \tag{8-2}
$$

其中 r_0 为转子静止时与定子的间隙。假定转子在稳定运行时由于干扰发生了径向速度的瞬时变化（干扰是脉冲式的），则转子会经历一个振幅变化的过渡过程，此时，若转子与定子发生接触，则转子系统的动力学方程为：

$$
\begin{cases}
m\dfrac{\mathrm{d}^2x}{\mathrm{d}t^2}+c\dfrac{\mathrm{d}x}{\mathrm{d}t}+kx+k_b\left(1-\dfrac{r_0}{r}\right)(x\mp\mu y)=em\omega^2\cos\omega t\\
m\dfrac{\mathrm{d}y^2}{\mathrm{d}t^2}+c\dfrac{\mathrm{d}y}{\mathrm{d}t}+ky+k_b\left(1-\dfrac{r_0}{r}\right)(y\pm\mu x)=em\omega^2\sin\omega t
\end{cases}
\tag{8-3}
$$

正负号的选择由是否满足下式决定：

$$
\omega R+V_t\geqslant 0 \tag{8-4}
$$

以上方程组具有耦合和非线性特性，只能由数值方法求解。有许多计算微分方程的数值方法，其中是四阶龙格-库塔方法被广泛使用。其做法在前序章节已经介绍。

初始条件可设转子在某一转速下稳定运行，此时不与定子接触。当 $t=0$ 时，转子受到一个大小为 δV_n 的扰动。这时，转子可能进入几种可能状态：

1）与定子无接触的状态；

2）与转子发生有限次碰撞后，回到与定子无接触状态；

3）与定子不停碰撞；

4）在定子上发生连续反转滚动。

其中，情况 3 和情况 4 是我们不期望发生的。以下是一些计算结果：

转子参数设为：$m=1.0\ \mathrm{kg}$，$c=1.0\ \mathrm{Ns/m}$，$k=40\ \mathrm{N/m}$，$R=0.1\ \mathrm{m}$，$e=0.001\ \mathrm{m}$，$k_b=10^4 k$。

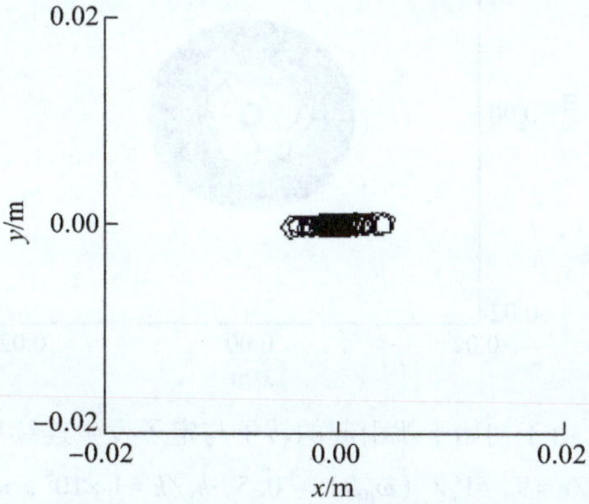

图 8-2　初始干扰前后转子轨迹-未与定子接触

($\mu=0.0$，$r_0/e=9$，$\delta V_n/(\omega_0 R)=0.05$，$k_b/k=1\times10^4$，$\omega=62.81/\mathrm{s}$)

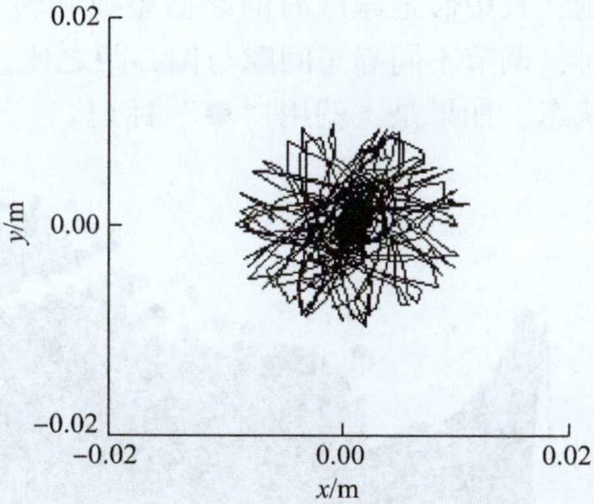

图 8-3　初始干扰前后转子轨迹-与定子有限次接触

($\mu=0.0$，$r_0/e=5$，$\delta V_n/(\omega_0 R)=0.5$，$k_b/k=1\times10^4$，$\omega=62.81/\mathrm{s}$)

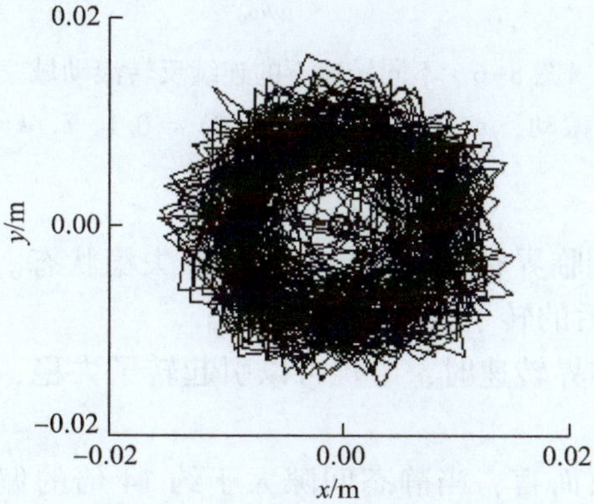

图 8-4　转子轨迹-与定子无限次接触

($\mu=0.0$，$r_0/e=9$，$\delta V_n/(\omega_0 R)=0.1$，$k_b/k=1\times10^2$，$\omega=62.81/\mathrm{s}$)

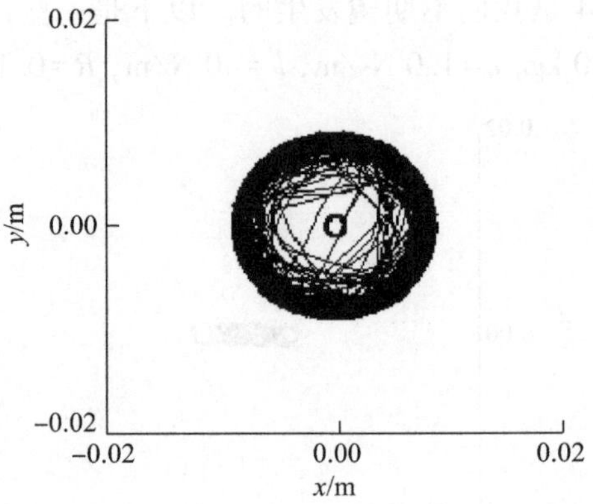

图 8-5　由于初始干扰引起的转子与定子发生连续反转滚动

（$\mu=0.0$，$r_0/e=9$，$\delta V_n/(\omega_0 R)=0.5$，$k_b/k=1\times10^5$，$\omega=62.81/\mathrm{s}$）

为了考察碰摩时各种参数的影响，我们做了以下模拟计算，其中假定以上第四种碰摩结果是不好的（第三种结果在现实中其实不大可能出现），其他都是最终稳定的。图 8-6 是考察不同静态间隙的影响，其中假定碰摩时的摩擦系数和转子/定子的刚度比不变，当给定外来的径向速度干扰时，调节不同静态间隙与偏心距之比，观察不同转速下转子最终是否进入失稳的反转滚动状态，如果是，就用“●”标记。

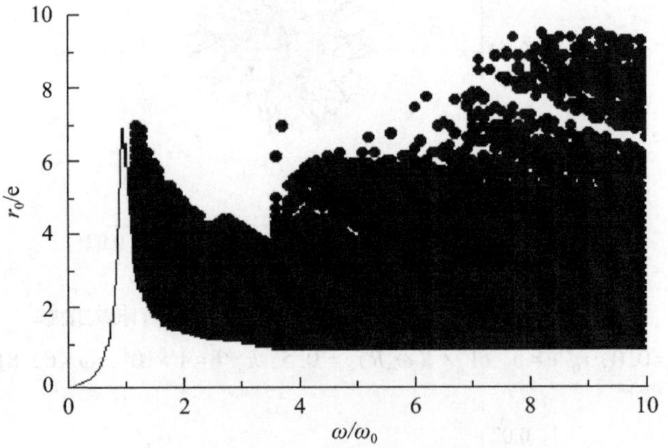

图 8-6　不同转速下的连续反转滚动域

（●反转滚动，$\mu=0.05$，$\delta V_n/(\omega_0 R)=0.1$，$k_b/k=1\times10^4$）

从该图中可以看出：

1）弹性区（转速达到临界转速之前）内不存在失稳状态。原因可能是转子细轴相对刚度足够大，总能使干扰后的转子恢复到原来状态。

2）当转子转速超过临界转速时，干扰可以引起转子失稳，而且转速增大需要更大的静态间隙才能稳定。

3）对于该例子的参数而言，当静态间隙大于约 14 倍的偏心距时，增加转速似乎不再需要增加静态间隙。

图 8-7 是对于不同的干扰强度而言。计算发现，干扰强度越大，就需要越大的静态

间隙，才能保证转子受扰后仍能最终恢复稳定。但是，当静态间隙达到约 14 倍的偏心距后，似乎进一步增大干扰至少在一定范围内不需要增大静态间隙。这一结果可以认为足够的静态间隙给转子在相邻两次碰撞之间有较长的时间经受阻尼的作用，从而达到振动衰减，而不是逐次碰撞不断增强。

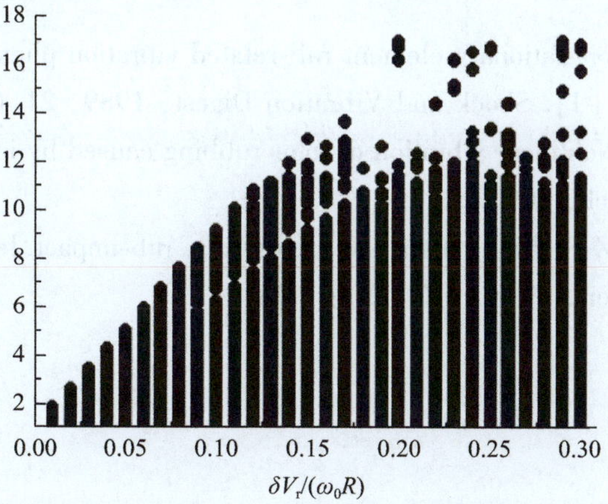

图 8-7　不同初始干扰下的连续反转滚动

（●反转滚动，$\omega/\omega_0=10.0$，$\mu=0.05$，$k_b/k=1\times10^4$）

图 8-8 是考察摩擦力的作用，从图中可以看出：在给定干扰下摩擦力总是越小越好。

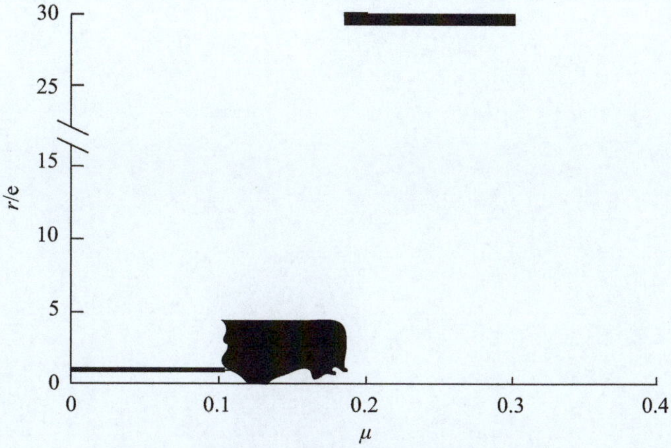

图 8-8　转子运动幅度与摩擦系数关系

（$r_0/e=3.2$，$(\delta V_n)/(\omega_0 R)=0.25$，$k_b/k=1\times10^3$）

实际碰摩下的情况摩擦系数的确定可能是很困难的，这是由于高速相对运动、发热和表面状态在摩擦过程中发生变化的原因。

以上计算比较面对工程实际问题。如果选择定子刚度在转子刚度的几十倍，有可能得到一些混沌现象，如文献［3］中所示。

参考文献

[1] Muzsynska A. Rotor-stationary element rub-related vibration phenomena in rotating machines -literature survey [J]. Shock and Vibration Digest, 1989, 21 (3):.

[2] ZhangX Z, et al. Nonlinear vibration of rotor rubbing caused by initial perturbation [R]. Tsinghua Sci and Tech, 2001.

[3] Chu F L, Zhang Z S. Bifurcation and chaos in a rub-impact Jeffcott rotor system [J]. J. Sound and Vibration, 1998, 210 (1): 1-18.

第 9 章　转子系统的机电试验

对于高速旋转机械，无论是原理样机的研制，还是机器的工业化应用，都需要首先经过机电实验考核，包括强度考核、动力学试验、可靠性和寿命实验等。在设计初期还需要进行转子的模态实验分析，以检验实际制造的机器是否与设计相一致。当机器正常运行时，还需要发展故障诊断技术以利于机器维护和改进。

实验在研发过程中的地位是极其重要的，没有很好的实验技术可能会大大地延长研发周期，造成时间和资金的浪费。然而，对于具体的实验而言，其技术要求又很强，经验有时也会起到决定性的作用。所以，关于这一类问题分散的、不系统的知识，以及针对具体问题具体分析的做法难以得到足够的理性重视。有些案例在其发生的历史上曾经使得研究人员耗尽时间和精力，但最后的解决方案和理论依据可能很简单；而有些问题可能反复发生，但至今仍然不能很好地解决。

基于这些困难，本章只能介绍基本的相关问题，并且有些地方也缺乏系统性。不过，还是要强调，具备很好的实验技术对于科学研究是极为重要的。

高速旋转机械在运转过程中会产生振动，比如由于转子失衡量引起的振动；又比如柔性转子在跨越临界转速时，表现为较大幅度的振动；也有因为轴承的不良摩擦、阻尼匹配不佳、转子结构设计不合理、安装误差和外界干扰等等引起的振动。所以，振动的测量都非常重要。本章中我们将介绍旋转机械振动测量中常用传感器的工作原理以及振动信号的基本分析方法；进而安排一定篇幅专门介绍碳纤维复合材料的电涡流位移测量问题；然后介绍转子的平衡和模态测量。

9.1　转子振动的测量

9.1.1　主要的振动传感器

用于转子振动测量相关的常用传感器可见表 9-1。

表 9-1　常用测振传感器

被测量	位移	速度	加速度
传感器类型	电涡流	电感式	压电式

(1) 压电式加速度传感器

压电式加速度传感器也称作压力传感器，它的工作原理是基于压电效应。压电效应是某些晶体材料的特殊物理性能，该效应实现了机械能（力、变形）到电能（电荷、电场）间的双向可逆变换。当沿着一定方向对晶体加力 F 使之变形，在表面上将会产生电荷 Q，外力撤消后，电介质又重新回到不带电状态，这种现象称（正）压电效应。

$$Q = Fd \tag{9-1}$$

这里，d 称为压电系数。

常用的压电材料有：石英石，压电陶瓷（钙钛矿型）。

压电式加速度传感器顾名思义是测量物体的加速度。它具有质量小、适用于动态测量（频率范围一般介于 0.2 Hz～10 kHz 之间）。测量时需要把传感器固定于被测物体一起振动。

如图 9-1 是压电陶瓷加速度传感器的剖面示意图。

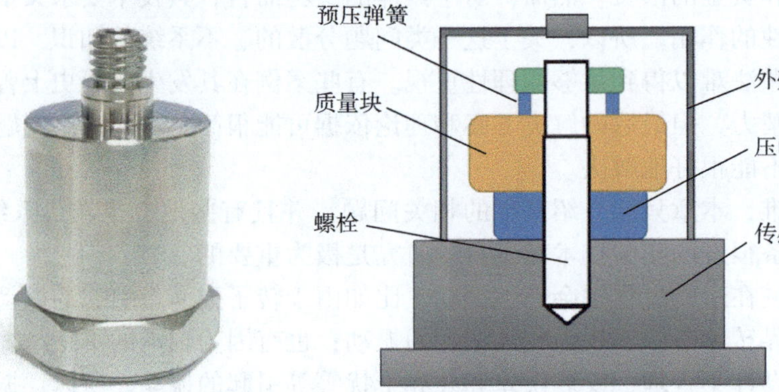

图 9-1　压电式加速度传感器结构图

压电元件本身可看成电容器：$C_a = \varepsilon S/\delta$。当受外力时，两表面产生等量正负电荷 Q，与开路电压之间的关系是：

$$U = Q/C_a \tag{9-2}$$

由于压电元件电容量不大，必须考虑引线电容，传感器一般配电荷放大器工作。

(2) 电感式速度传感器

电感式速度传感器依据法拉第电磁感应定律工作，当振动件的瞬时速度为 v、外加磁感强度为 B、振动件于磁场有效作用长度为 L 时，产生的感应电动势为：

$$U = BLv \tag{9-3}$$

其中：U——感应电动势，V；

B——磁感应强度，T；

L——导体在磁场中的长度，m；

v——导体在磁场中的运动速度，m/s。

电感式速度传感器一般采用线圈检出感应电动势，具有信号强、结构简单等特点。

图 9-2 是某一测量部件 M 振动速度的原理图和等效电路图，其感性电动势可见公式（9-4）。

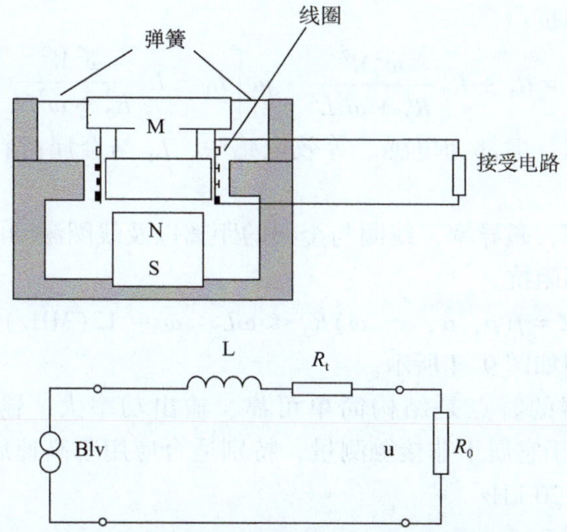

图 9-2　电感式速度传感器结构及等效电路

$$u = \frac{R_0}{R_0 + R_t + j\omega L} Blv \tag{9-4}$$

（3）电涡流传感器

电涡流传感器的基本原理是依据金属在交变磁场下阻抗与距离有关，它用于位移测量。

如图 9-3（a），传感器激励线圈在高频电流作用下产生交变磁场，当线圈靠近导体时，在交变磁场作用下，导体内部电子运动并产生了感应电流（涡流）。等效而言，可以看作是两个靠近的线圈［见图 9-3（b）］，其中主线圈是传感器，磁线圈是被测导体，它们之间存在着互感，互感的大小与这两个线圈之间的距离有关。等效电路见图 9-3（c）。

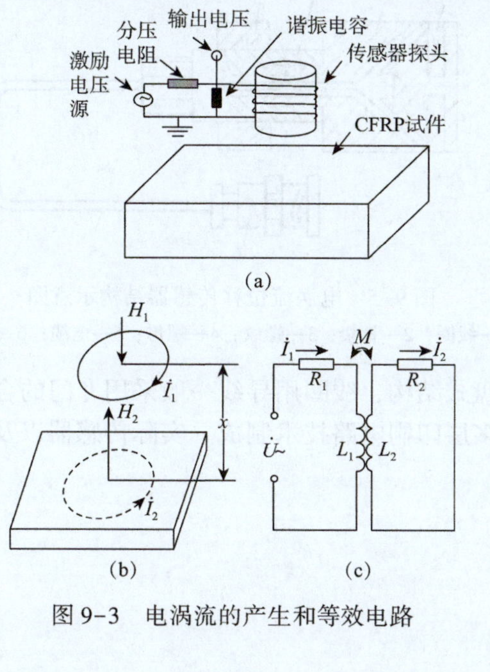

图 9-3　电涡流的产生和等效电路

探测线圈的等效阻抗：

$$Z = R_1 + R_2 \frac{\omega^2 M^2}{R_2^2 + \omega^2 L_2^2} + j\omega\left[L_1 - L_2 \frac{\omega^2 M^2}{R_2^2 + \omega^2 L_2^2}\right] \tag{9-5}$$

其中，实部为电阻，虚部为电感。等效电感中，L_1 与金属材料的磁效应有关，第二项与涡流效应有关。

金属导体的电阻率，磁导率，线圈与金属的距离以及线圈激励的频率，都将通过磁效应和涡流效应影响线圈阻抗。

$$Z = f(\rho,\ \mu,\ x,\ \omega)R_2 \ll \omega L_2 \quad \omega \approx 12(\mathrm{MHz}) \tag{9-6}$$

测量电路可以采用如图 9-4 所示。

电涡流位移传感器的特点是结构简单可靠、输出功率大、输出阻抗小、分辨率高（优于 1 μm）；而且由于它属于非接触测量，特别适合应用于高速旋转机械。传感器测量频率范围一般在：DC-20 kHz

典型探头结构如图 9-5。

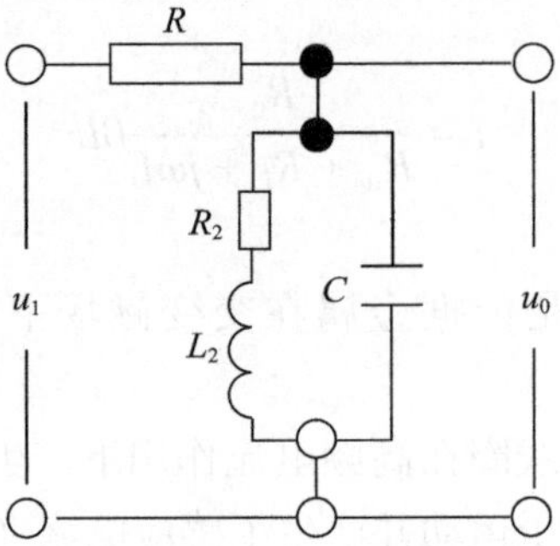

图 9-4　测量电路

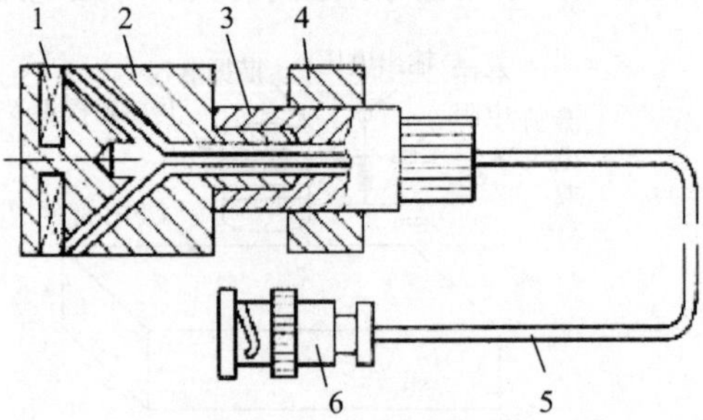

图 9-5　电涡流位移传感器结构示意图

1—线圈；2—骨架；3—螺纹；4—螺母；5—电缆；6—插头

其中，线圈是采用盘式结构，线圈用导线一般采用专门的合金，其电阻受温度变化很小。也有的线圈是采用多层印刷电路技术制成。实际传感器以及变送部分见图 9-6。

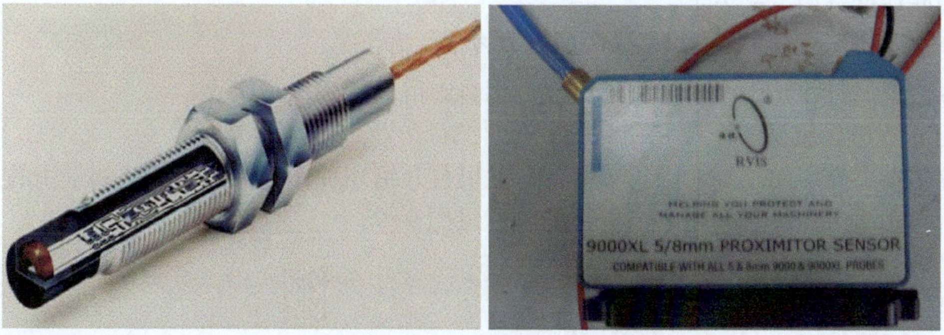

图 9-6　电涡流位移传感器探头和前置放大器

电涡流传感器本身当激励电流频率由小到大增长时存在共振特性（如图 9-7），该特性与互感有关。一般激励频率采用 1 MHz 或 2 MHz。

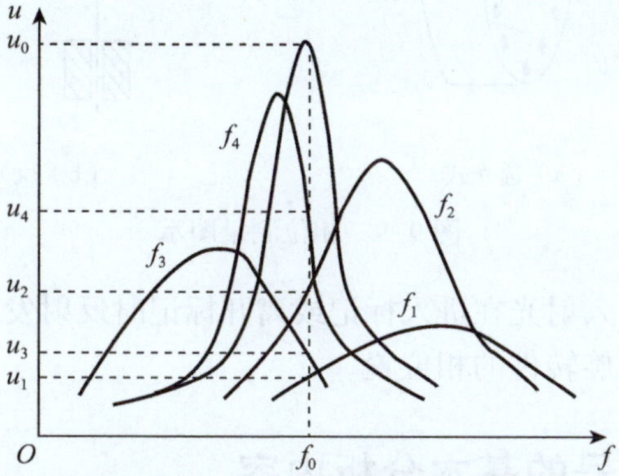

图 9-7　电涡流传感器频率特性

对被测导体而言，电涡流密度随着表面往深处（离开激励线圈方向）的分布是指数下降的［见公式（9-8）和图 9-8（b）］。

$$J_z = J_0 \exp(-z/h) \tag{9-7}$$

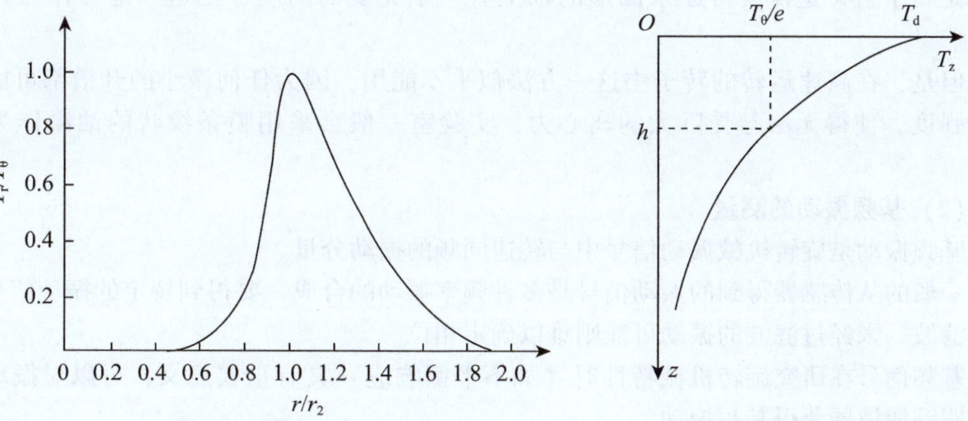

（a）电涡流沿线圈直径方向的分布　　（b）电涡流沿导体深度的衰减

图 9-8　金属表面电涡流的电流分布

趋肤深度可用下式表示：

$$h=\sqrt{\rho/(\mu_0\mu_r\pi f)} \tag{9-8}$$

一般金属只在几十微米，碳纤维复合材料则可以达到毫米级。

(4) 光电传感器

除了以上介绍的三种常用传感器外，这里再介绍一种作为转速和相位测量用的光电传感器，它是采由光反射和光电二极管组成（见图 9-9）。

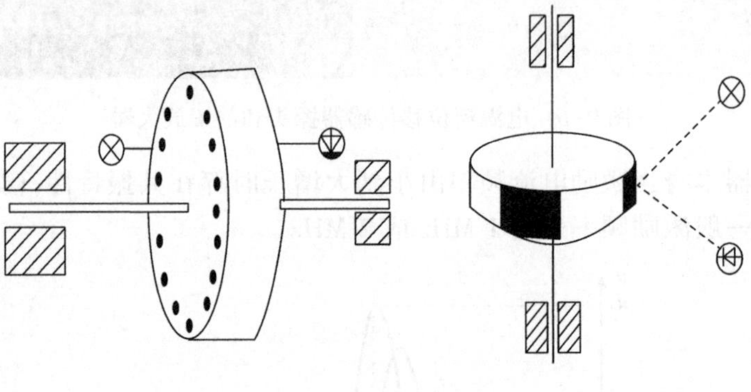

(a) 透光式　　(b) 反光式

图 9-9　相位测量图示

在旋转件上作标记，入射光在进入标记或离开标记时反射发生突变，形成上升沿触发或下降沿触发，从而记录旋转件的相位置。

9.1.2　振动信号的基本分析内容

(1) 相位差的测量

相位差是指基频振动相对于转轴上某一确定标记的相位落后。这里指的某一确定标记常称为键相信号，这名字的来源是因为以前的旋转机械会在轴上开槽并镶上固定键以固定转子盘，这样使得原来圆形的轴上有一个突变的高度，把这一地方作为相位的原点。

但是，在高速运转的转子中这一方法似乎不能用，因为任何微小的开槽都可能破坏转子强度，使得无法忍受巨大的离心力，实验室一般会采用喷条纹状的油漆作为键相位置。

(2) 基频振动的测量

基频振动是旋转机械振动信号中与转速同频的振动分量。

一般的从传感器得到的振动信号是多种频率振动的合成，要得到特定的振动信号需要经过滤波。未经过滤波的振动可能则难以确定相位。

基频信号在研究旋转机械特性时（如不平衡响应）具有重要意义，可以对振动信号采用跟踪滤波器获得基频振动。

(3) 波德图和极坐标图

波德图和极坐标图一般是在转子升速和降速过程中应用。

波德（Bode）图（见图 9-10 左）是描述基频振动幅值和相位随转速的变化曲线，常用于研究临界转速或阻尼比。

极坐标图（Nyquist）是把幅频特性和相频特性绘在极坐标上（见图 9-10 右），常用于研究平衡、小幅值临界频率。

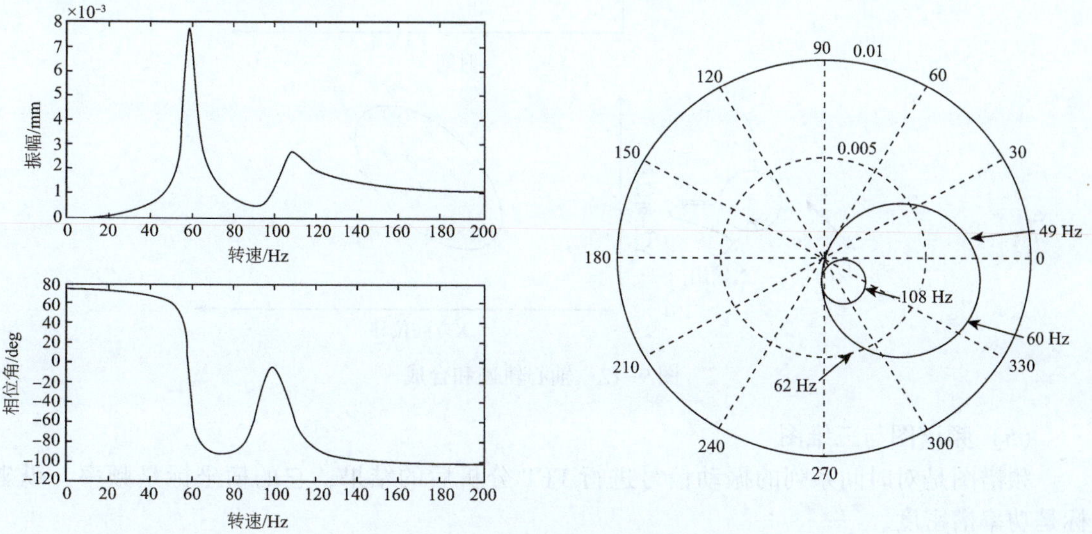

图 9-10　波德图和极坐标图示例

（4）轴心轨迹

轴心轨迹可以采用正交放置的两个位移传感器和示波器完成。它可用于分析轨迹、进动方向等。

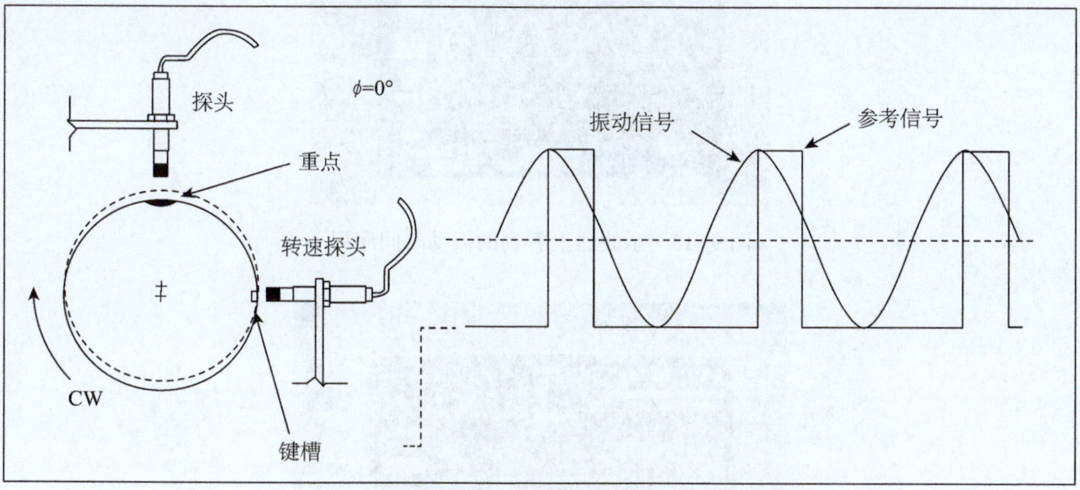

图 9-11　采用位移传感器和相位传感器测量转子信号

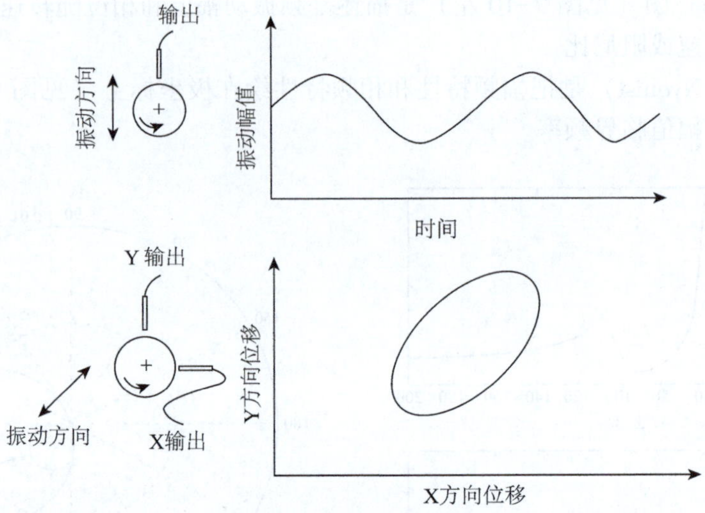

图 9-12　轴心轨迹和合成

(5) 频谱图与三维图

频谱图是对时间系列的振动信号进行 FFT 分析后的结果，它的横坐标是频率，纵坐标是功率谱密度。

三维频谱图：是以转速/负荷/功率/温度等某一个参数作变量的频谱曲线的集合。

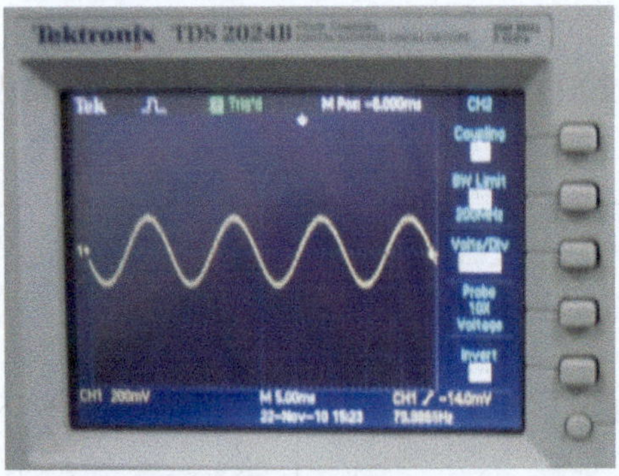

图 9-13　示波器上看到的振动时间序列

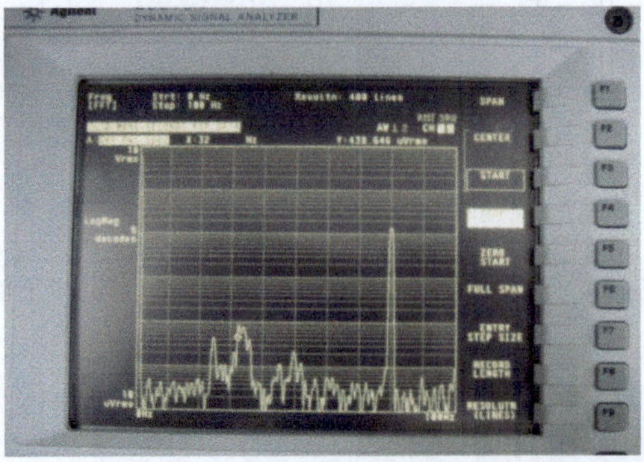

图 9-14　频谱仪上看到的频率谱

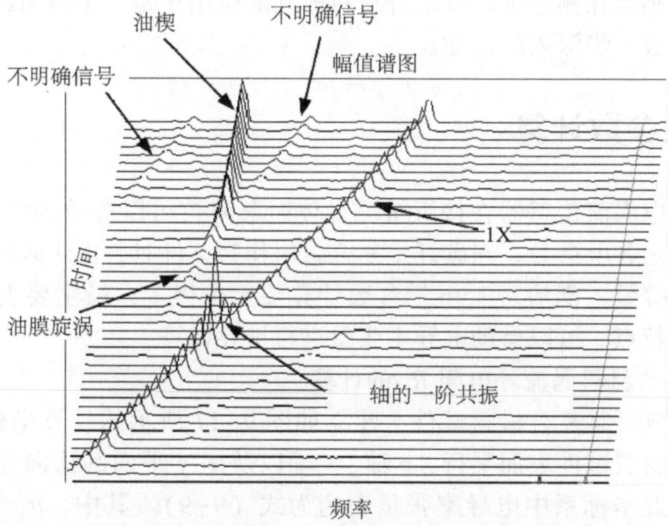

图 9-15　三维频率谱图

9.2　电涡流测量碳纤维复合材料振动的理论基础

正如前面所说，由于交流电磁场作用在金属表面，会使得其表层一定深度内部的自由电子在电磁场作用下形成交变环流（成为电涡流效应）。该交变环流又形成了与原有电磁场互相抵抗的电磁场，他们之间的相互作用强弱可以采用两个相对线圈的互感来表示。该互感的大小与这两个等效线圈的相对距离有关。因此，可用于测量金属表面的位移。电涡流传感器的测量对象一般是金属，碳纤维属于半导体，但电涡流效应依然有效。不过，碳纤维复合材料电学性质要比金属材料复杂很多，非连续性和各向异性也带来测量的困难（参见图 9-16 碳纤维复合材料铺层结构）。

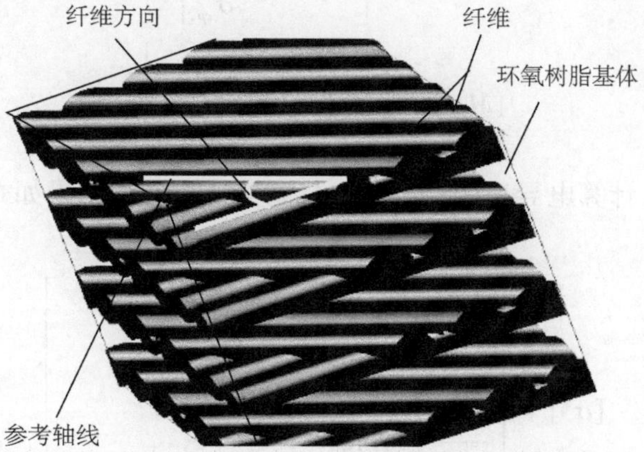

图 9-16　典型碳纤维复合材料铺层结构示意图

有关电涡流传感器在测量碳纤维复合材料振动的应用还是一个较新的课题，在此，我们将对相关问题做进一步深入的论述。

9.2.1 电参数计算

我们已经知道电涡流传感器在接近被测导体时其阻抗可以等效为公式（9-5）。下一步的关键任务是确定各电参数。当碳纤维复合材料作为试件时，由于碳纤维复合材料电学性质的各向异性，等效“涡流环”电学参数计算要复杂得多，最主要表现为等效电阻计算须考虑各向异性特点。可以借助电导率张量进行推导计算。

（1）碳纤维复合材料涡流环电阻 R_2 的计算

对于各向异性碳纤维复合材料试件，建立如图 9-17 所示的计算坐标系，这里，$x-y$ 平面与碳纤维复合材料试件表面平行，x 轴、y 轴以及 $x-y$ 平面的法向为碳纤维复合材料的三个主方向，在此坐标系中电导率张量表达为式（9-9）。其中，σ_l 为 x 方向电导率，σ_t 为 y 方向电导率，σ_{cp} 为 xy 平面法向的电导率。将 xy 坐标系绕原点逆时针旋转 θ，得到新的坐标系 $x'-y'$，该旋转操作对应的旋转矩阵为式（9-10）。

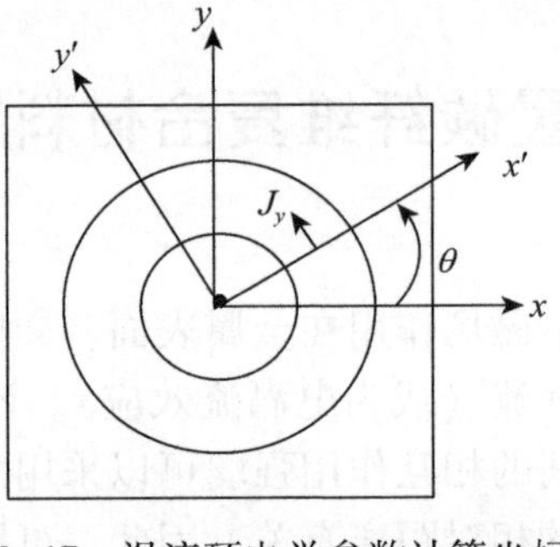

图 9-17　涡流环电学参数计算坐标系

$$[\sigma_0] = \begin{bmatrix} \sigma_l & & \\ & \sigma_t & \\ & & \sigma_{cp} \end{bmatrix} \tag{9-9}$$

$$[M_{\mathrm{rot}}] = \begin{bmatrix} \cos\theta & -\sin\theta & \\ \sin\theta & \cos\theta & \\ & & 1 \end{bmatrix} \tag{9-10}$$

利用式（9-10）计算电导率张量在新坐标系中的表达，结果如式（9-11）：

$$[\sigma'] = [M_{\mathrm{rot}}]^{-1}[\sigma_0][M_{\mathrm{rot}}] \tag{9-11}$$

$$[\sigma'] = \begin{bmatrix} \sigma_l\cos^2\theta + \sigma_t\sin^2\theta & \dfrac{\sigma_l - \sigma_t}{2}\sin2\theta & \\ \dfrac{\sigma_l - \sigma_t}{2}\sin2\theta & \sigma_l\sin^2\theta + \sigma_t\cos^2\theta & \\ & & \sigma_{cp} \end{bmatrix} \tag{9-12}$$

根据电磁学理论，电流密度 J 和电场强度 E 之间的关系满足式（9-13）：

$$\begin{bmatrix} J_x' \\ J_y' \\ J_z' \end{bmatrix} = [\sigma'] \begin{bmatrix} E_x' \\ E_y' \\ E_z' \end{bmatrix} \tag{9-13}$$

将 σ′的表达式代入，即得到 y′方向电流密度分量的表达式：

$$\begin{aligned} J_y' = & \left(\frac{\sigma_l - \sigma_t}{2}\sin 2\theta\right) E_x' \\ & + (\sigma_l \sin^2\theta + \sigma_t \cos^2\theta) E_y' \end{aligned} \tag{9-14}$$

假设探头线圈满足轴对称条件，其感生磁场亦满足轴对称分布规律，因而可忽略 x'方向的电场强度 $E_{x'}$，从而得到 $J_{y'}$ 的表达式：

$$J_y' \approx (\sigma_l \sin^2\theta + \sigma_t \cos^2\theta) E_y' \tag{9-15}$$

旋转角度 θ 由 0 增加到 2π，y'始终指向“涡流环”的环向。利用式（9-15）可得绕涡流环环向的电导率表达式：

$$\sigma_\theta = \sigma_l \sin^2\theta + \sigma_t \cos^2\theta \tag{9-16}$$

等效“涡流环”的环向电阻 R_2 可通过如下计算式积分获得：

$$R_2 = \int_0^{2\pi} \frac{a_2 + a_1}{2(a_2 - a_1) d_s} \frac{1}{\sigma_l \sin^2\theta + \sigma_t \cos^2\theta} \mathrm{d}\theta \tag{9-17}$$

其中，a_1、a_2 分别为涡流环的内外半径；d_s为涡流环厚度，可设为趋肤深度；σ_l、σ_t 分别为两个主方向上的电导率。

（2）碳纤维复合材料涡流环等效电感 L_2 的计算

等效电感 L_2 可利用矩形截面导体圆环的电感计算公式计算得到：

$$L_2 = \mu r_3 [\ln(8r_3) - G - 2] \tag{9-18}$$

其中，μ 为导体的磁导率；r_3 为圆环的平均半径；G 由式（9-19）计算得到：

$$G = \frac{1}{2}\ln(a^2 + b^2) - \frac{b^2}{12a^2}\ln\left(1 + \frac{a^2}{b^2}\right) - \frac{a^2}{12b^2}\ln\left(1 + \frac{b^2}{a^2}\right) + \frac{2b}{3a}\arctan\frac{a}{b} + \frac{2a}{3b}\arctan\frac{b}{a} - \frac{25}{12} \tag{9-19}$$

这里，a 为圆环半截面的宽度，即上文中的 a_2-a_1；b 为圆环的厚度，即上文中的 d_s。

（3）探头与碳纤维复合材料涡流环之间互感 M 计算

假设探头线圈为矩形截面圆环，而碳纤维复合材料涡流环亦为矩形截面圆环，因而互感 M 计算等效为两矩形截面导体圆环之间的互感计算。谭祖根等[5]证明了两矩形截面圆环之间的互感，可表达为 10 个同轴电流环之间的互感计算问题。如图 9-18 所示，矩形截面线圈与碳纤维复合材料涡流环之间的互感 M 计算方法如下：

$$M = \frac{w}{6}(M_{01'} + M_{02'} + M_{03'} + M_{04'} + M_{10'} + M_{20'} + M_{30'} + M_{40'} - 2M_{00'}) \tag{9-20}$$

其中，w 为线圈匝数；$M_{ij'}$ 为电流环 i 和电流环 j'之间的互感，$M_{ij'}$ 值可借助诺依曼公式计算。

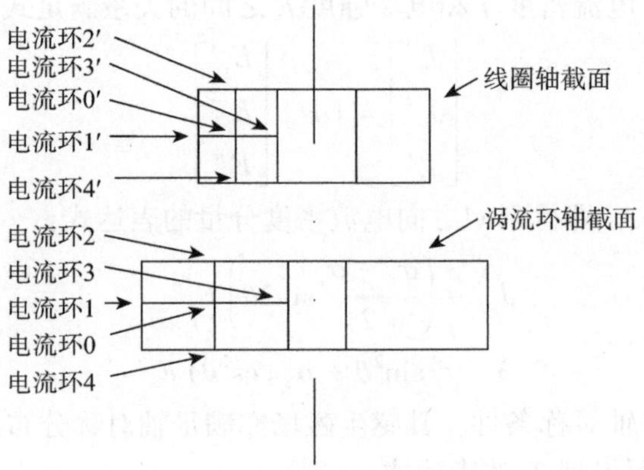

图 9-18　同轴矩形截面圆环互感计算

9.2.2　数值仿真

在以上计算方法的基础上，可利用软件（如 Matlab）等工具，进行数值计算，模拟电涡流传感器测试碳纤维复合材料的标定过程，仿真流程如图 9-19 所示。

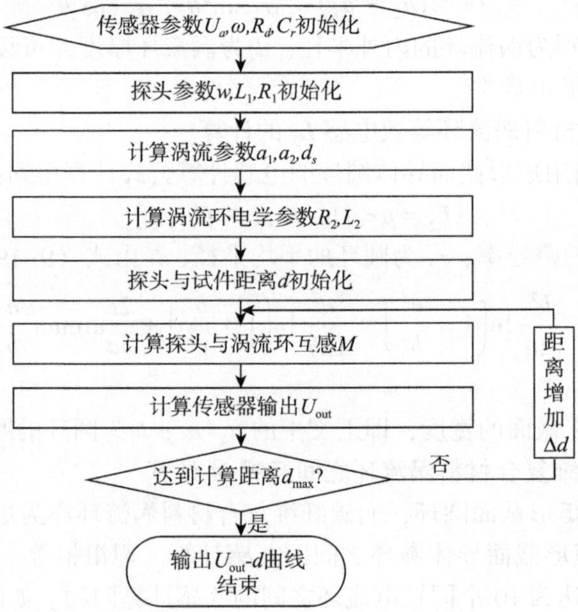

图 9-19　电涡流传感器测量碳纤维复合材料位移的数值计算流程图

9.2.3　碳纤维复合材料导电性对电涡流法测量的影响

(1) 计算参数设置

采用上述模型研究碳纤维复合材料导电性变化对电涡流法测量的影响。研究中采用的传感器基本参数如表 9-2 所示，单向铺层碳纤维复合材料的导电性参数实测结果如表 9-3 所示。

表 9-2　电涡流传感器计算用参数

参数名	单位	数值
激励电压幅值 U_{max}	V	8
激励电压频率 f	Hz	1M
分压电阻值 R_d	kΩ	5.1
探头电阻值 R_1	Ω	8.9
探头电感值 L_1	μH	45
线圈匝数 w	—	40
线圈内半径 r_1	mm	4
线圈外半径 r_2	mm	8

表 9-3　碳纤维复合材料试件电导率测试结果

试件类型	σ_1 [S]	σ_t [S]	σ_{cp} [S]
单向碳纤维复合材料	30 234	10.4	5.9
正交碳纤维复合材料	6 110	6 110	44.2

(2) 影响规律计算

计算了不同导电率对应的传感器输入-输出曲线如图 9-20 所示。

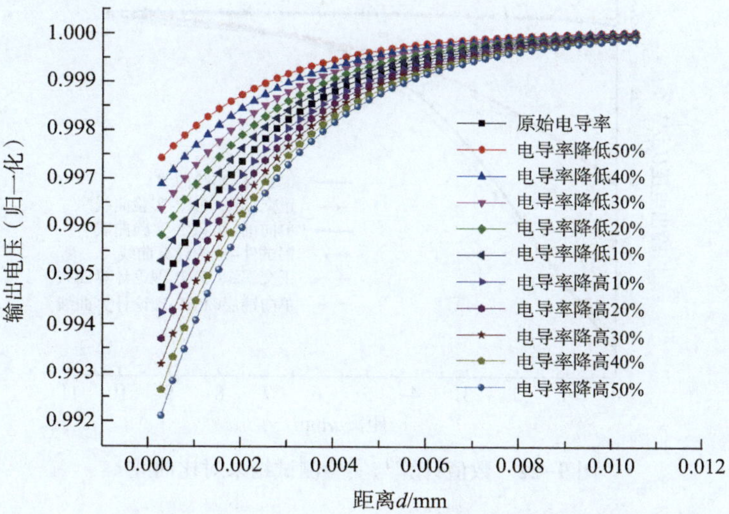

图 9-20　被测物体具有不同电导率时电涡流传感器输出的模拟结果

通过计算得到导电率变化对传感器测试灵敏度的影响，结果如图 9-21 所示。

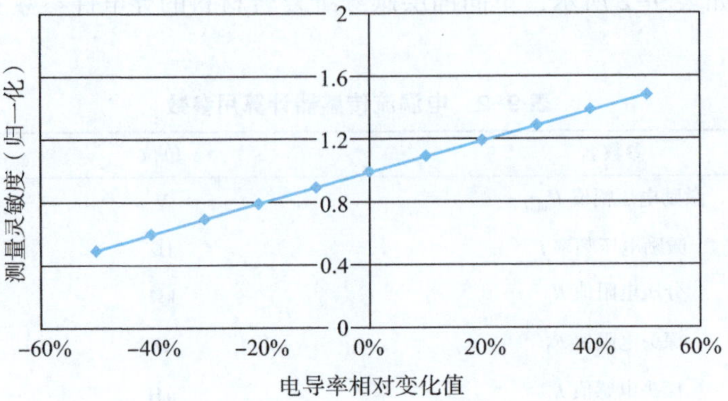

图 9-21　被测材料电导率对电涡流传感器灵敏度的影响

可以看出，碳纤维复合材料电导率的变化对于电涡流法测试结果具有显著影响。图 9-20给出的计算结果表明，随着电导率的增加，传感器“输入-输出”曲线基本形状保持不变，位移达到“+∞”时对应的最大输出电压幅值保持不变，而位移接近 0 时对应的最小输出电压则不断降低，“输入-输出”曲线线性段的斜率趋于增加，这意味着传感器测试灵敏度的增加。图 9-21 说明，传感器的测试灵敏度与碳纤维复合材料导电率呈线性递增规律。

为比较电涡流传感器对金属良导体和碳纤维复合材料的测试效果，除采用上述正交编织和单向铺层的碳纤维复合材料外，还有采用了铝合金薄板试件。实验和计算比较结果见图 9-22。

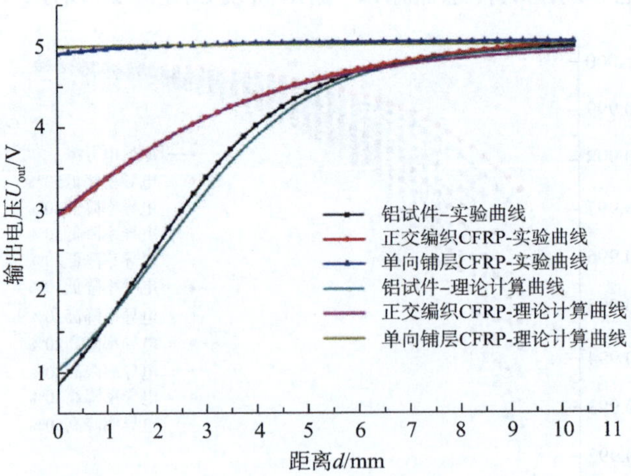

图 9-22　数值计算与实验测试结果对比曲线

可以看出，采用模型计算得到的 3 种试件的标定曲线均与实验测试结果吻合良好；理论模型不仅适用于碳纤维复合材料试件位移测量的模拟，也适用于各向同性良导体试件，并都具有较高的计算精度。

电涡流传感器对不同材料的测试灵敏度表现出较大差异，试件电导率越大，测试灵敏度也越高。实验中的传感器对于铝试件的测试灵敏度达到正交编织碳纤维复合材料试件的

2 倍以及单向铺层碳纤维复合材料试件的 40 倍。导致单向铺层碳纤维复合材料试件测试灵敏度低的主要原因是试件在垂直于纤维方向具有明显较低电导率，该方向电导率仅为纤维方向的 1/300。

对于不同被测试材料，电涡流传感器具有相同的线性度表现，但测量灵敏度指标有明显差异，且灵敏度随材料电导率增大而升高。碳纤维复合材料导电性变化对位移测试结果的影响规律主要表现为：随碳纤维复合材料电导率增加，传感器测试灵敏度呈线性增加趋势。

值得指出的是，通过测试不同应力水平下电涡流传感器“输入-输出”曲线表明，应力对单向铺层碳纤维复合材料试件测试结果具有显著影响。低应力水平下，传感器灵敏度随着应力增大而增加；高应力水平下，变化规律与之相反。

9.3　转子的平衡（Balancing）

我们知道，转子的不平衡量（也叫失衡量）在转子旋转时产生离心力，该离心力是转子系统产生振动的关键激励源。材料的不均匀、加工误差、装配误差等都可能产生转子的不平衡量。为了减小转子运行时的振幅，必须尽量减小转子的失衡量。

9.3.1　有关转子平衡的基本概念

（1）平衡过程

平衡过程是指通过实验手段找到转子的失衡量及其位置，通过加重或去重的方法使失衡量减小的过程。

（2）静不平衡

假设有一薄圆盘，设离转轴 e 处有一偏心质量 m，把这一转子放在完全平行、光滑、水平的两条轨道上，由于重力作用，转子自然会滚到偏心质量朝下的位置。这种只有质量偏心引起的合力而无合力偶，称静不平衡。

静不平衡量表示法：

$$U = em \tag{9-21}$$

（3）动不平衡

如果不平衡量处于两个平面，大小相等、方向相反（见图 9-23），这种情况下转子处于静平衡状态。但当转子旋转时，会产生一力偶 $me\omega^2 l$（l 是两平面的距离）。这种只在旋转时才表现出来的不平衡称动不平衡。

动不平衡表示法：

$$U = mel \tag{9-22}$$

如果单盘转子与转轴不垂直，也可能存在动不平衡（见图 9-24）。

$$U = (J_p - J_t)\psi \tag{9-23}$$

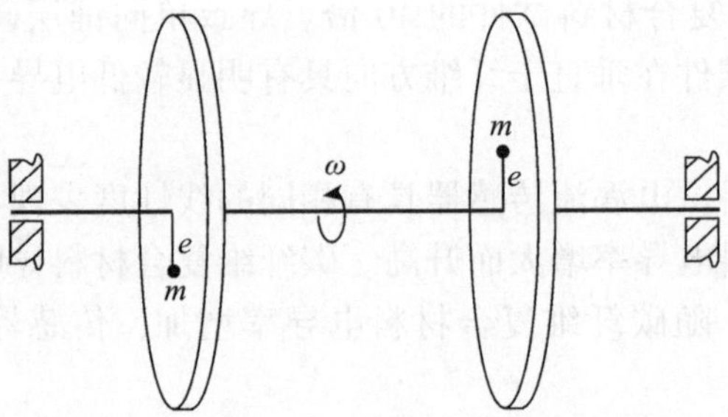

图 9-23　转子具有动不平衡情况示意图

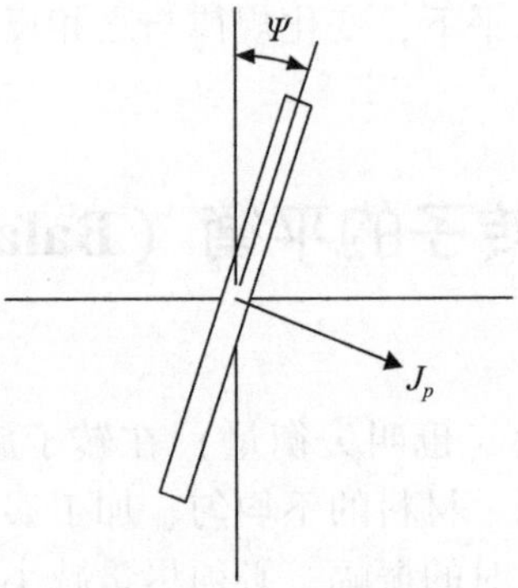

图 9-24　转自盘与转轴不垂直情况

（4）混合不平衡

一般的转子的实际情况往往是既存在静不平衡又存在动不平衡，称为混合不平衡。

9.3.2　刚性转子的平衡

（1）校正平面

常在校正平面上来描述刚性转子的不平衡量。不论转子原始质量不平衡的分布状态如何，对刚性转子而言，总可以把不平衡等效到选定的校正平面上去。

（2）影响系数法

最简单的单盘转子平衡过程：

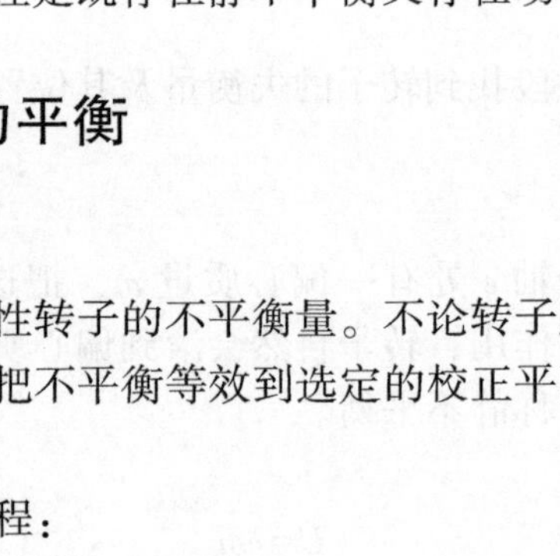

图 9-25　影响系数法平衡过程图

设转子有初始不平衡量 $\overrightarrow{U^{(0)}}$，其大小和位置不知，先是使转子以角速度 ω 作第一次运转，得到不平衡量产生的振动辐值大小和位置 $\overrightarrow{R^{(0)}}$。在某一已知位置 $\overrightarrow{r^{(T)}}$ 上加一试重 $m^{(T)}$，再次以相同角速度 ω 运转，检测到合成的振动辐值大小和位置 $\overrightarrow{R^{(1)}}$。则有试重后振动的变化量为：

$$\overrightarrow{R^{(T)}} = \overrightarrow{R^{(1)}} - \overrightarrow{R^{(0)}} \tag{9-24}$$

$\overrightarrow{R^{(T)}}$ 是 $m^{(T)}\ \overrightarrow{r^{(T)}}$ 引起的，两次运转角速度都相同。

$$\text{作线性假设}\ \frac{\overrightarrow{R^{(0)}}}{\overrightarrow{U^{(0)}}} = \frac{\overrightarrow{R^{(T)}}}{m^{(T)}\ \overrightarrow{r^{(T)}}} \equiv \vec{\varepsilon} \tag{9-25}$$

$\vec{\varepsilon}$ 称为影响系数

这样：

$$\overrightarrow{U^{(0)}} = \frac{\overrightarrow{R^{(0)}}}{\vec{\varepsilon}} \qquad \text{则} \left|\overrightarrow{U^{(0)}}\right| = \frac{\left|\overrightarrow{R^{(0)}}\right|}{|\vec{\varepsilon}|} \tag{9-26}$$

而且认为 $\overrightarrow{R^{(0)}}$ 与 $\overrightarrow{U^{(0)}}$ 的夹角等于 $\overrightarrow{r^{(T)}}$ 与 $\overrightarrow{R^{(T)}}$ 的夹角。确定 $\overrightarrow{U^{(0)}}$ 后，可在同方向去重或反方向加重。

对一般的刚性转子，可以证明采用两个校正面即能满足转子平衡需要。步骤如下：

1. 运转 ω 测得左右校正面原始相应 $\overrightarrow{R_i^{\ (0)}}$ $(i = L,\ R)$

2. 分别单独试加重 $\overrightarrow{m_i^{\ (T)}}\ \overrightarrow{r_i^{\ (T)}}$ $(j = 1,\ 2)$，运转两次，得：

$$\overrightarrow{R_i^{\ (j)}}(i = L,\ R \quad j = 1,\ 2)$$

3. 求出影响系数：

$$\vec{\varepsilon}_{ij} = \frac{\overrightarrow{R_i^{\ (j)}} - \overrightarrow{R_i^{\ (0)}}}{m_i^{\ (T)}\ \overrightarrow{r_i^{\ (T)}}} \tag{9-27}$$

4. 由式：

$$\vec{\varepsilon}_{ij} = \frac{\overrightarrow{R_i^{\ (0)}}}{\overrightarrow{U_j^{\ (0)}}} \tag{9-28}$$

得出：

$$\begin{cases} \overrightarrow{R_L^{\ (0)}} = \vec{\varepsilon}_{L1}\ \overrightarrow{U_1^{\ (0)}} + \vec{\varepsilon}_{L2}\ \overrightarrow{U_2^{\ (0)}} \\ \overrightarrow{R_R^{\ (0)}} = \vec{\varepsilon}_{R1}\ \overrightarrow{U_1^{\ (0)}} + \vec{\varepsilon}_{R2}\ \overrightarrow{U_2^{\ (0)}} \end{cases} \tag{9-29}$$

或写成：

$$\{\overrightarrow{R^{(0)}}\} = [\vec{\varepsilon}]\{\overrightarrow{U^{(0)}}\} \rightarrow \{\overrightarrow{U^{(0)}}\} = [\vec{\varepsilon}]^{-1}\{\overrightarrow{R^{(0)}}\} \tag{9-30}$$

以上各量除 m 外都是复数。

9.3.3 柔性转子的平衡

前面已讲到，如果转子的工作转速比它本身的临界转速小得多，则转子本身的变形比它的偏离（e；ψ）小得多，这时，采用两个校正平面的刚性平衡已足够。否则要考虑柔性平衡。例如图 9-26 左，如果转子是刚性，则三个失衡量可以达到平衡的效果，如果转子弯曲（见图 9-26 右），则这样的失衡量分布加剧了转子的一阶弯曲变形。

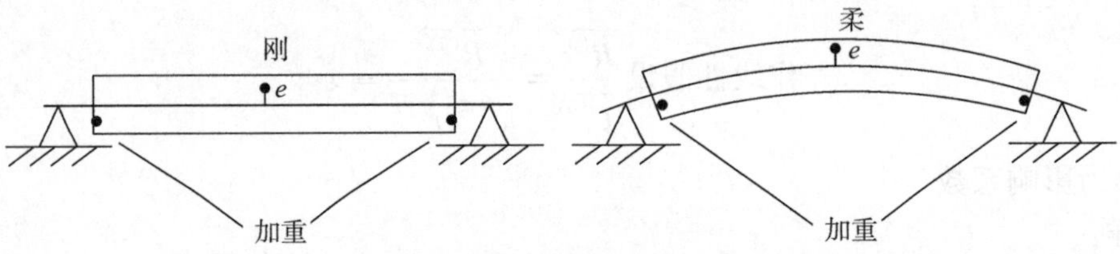

图 9-26　不平衡量对刚性转子和柔性转子作用的差别

（1）影响系数法

对刚性转子的影响系数法可推广到柔性转子。但柔性转子一般要求多平面、多转速、多测点的平衡。

采用影响系数法平衡柔性转子的过程可以描述为：

J 个平衡面：其上动不平衡量 $U_j(j=1, 2, \cdots, J)$

n 个测点：l 个转速：共 $I=l\times n$ 个测量值 $R_i(i=1, \cdots, I)$

第 j 个平面上的单位不平衡量 U_j 引起第 i 个测量值 R_i 的变化量，叫作影响系数 ε_{ij}，

$$\varepsilon_{ij}=\frac{R_i^{(j)}-R_i^{(0)}}{m_j^{(T)}r_j^{(T)}} \tag{9-31}$$

可以得到：

$$\{R_i^{(0)}\}_{I\times1}=[\varepsilon_{ij}]_{I\times J}\{U_j^{(0)}\}_{J\times1} \tag{9-32}$$

或简单得：

$$\{R^{(0)}\}=[E]\{U^{(0)}\} \tag{9-33}$$

如果 $I=J$，则可能求得［E］的逆，否则求得广义逆（General Inverse），从而求出 $\{U^{(0)}\}$。

（2）模态平衡法（modal method for balancing）

一般而言，转子不平衡量 $U^{(0)}(Z)$ 是沿转子轴 Z 连续分布的：

$$U^{(0)}(Z)=\rho Ae^{(0)}(Z) \tag{9-34}$$

平衡时，选若干平面 Z_j 作修正量（集中质量）

$$W(Z_j)=m(Z_j)r(Z_j)j=1, 2, \cdots, J \tag{9-35}$$

已知：由不平衡量引起的弹性梁的简单振动为：

$$EI\frac{\partial^4 r}{\partial Z^4}+\rho A\frac{\partial^2 r}{\partial t^2}=U^{(0)}(Z)\omega^2e^{i\omega t} \tag{9-36}$$

采用分离变量法，令：

$$r=\sum_{n=1}^{\infty}R_n(Z)T_n(t) \tag{9-37}$$

代入得

$$\sum_{n=1}^{\infty}\left(EI\frac{d^4R_n(Z)}{\mathrm{d}Z^4}T_n(t)\right)+\sum_{n=1}^{\infty}\left(\rho AR_n(Z)\frac{d^4T_n(t)}{\mathrm{d}t^4}\right)=U_{(Z)}^{(0)}\omega^2e^{i\omega t} \tag{9-38}$$

方程两边乘 $R_m(Z)$，对 Z 从 $0\to L$（转子长度）进行积分。

注意到正交条件：

$$\int_0^L\rho AR_n(Z)R_m(Z)\,\mathrm{d}Z=\begin{cases}0 & n\neq m\\ M_n & n=m\end{cases} \tag{9-39}$$

定义 M_n——n 阶模态质量

$$\int_0^L EI\frac{d^4R_n(Z)}{\mathrm{d}Z^4}R_m(Z)\,\mathrm{d}Z=\begin{cases}0 & n\neq m\\ K_n & n=m\end{cases} \tag{9-40}$$

K_n——n 阶模态刚度

引入：

$$U_n^{(0)}=\frac{\rho A}{M_n}\int_0^L U^{(0)}(Z)R_n(Z)\,\mathrm{d}Z \tag{9-41}$$

$U_n^{(0)}$——n 阶模态（初始）不平衡量

则方程式（9-38）变成：

$$M_nT''_n(t)+K_nT_n(t)=\frac{U_n^{(0)}}{\rho A}e^{i\omega t}\omega^2 \tag{9-42}$$

解之：

$$T_n(t)=\frac{\omega^2U_n^{(0)}}{\rho A(\omega_n{}^2-\omega^2)}e^{i\omega t} \tag{9-43}$$

$$\therefore r(Z,\ t)=\sum_{n=1}^{\infty}R_n(Z)\frac{\omega^2U_n^{(0)}}{\rho A(\omega_n{}^2-\omega^2)}e^{i\omega t} \tag{9-44}$$

当 $\omega\to\omega_n$ 时，第 n 阶模态振动大大加强，其他模态不重要。

由集中质量（$Z=Z_j$）处变换到 n 阶模态不平衡量

$$U_n^{(T)}(Z_j)=\frac{\rho A}{M_n}W(Z_j)R_n(Z_j) \tag{9-45}$$

所以，总的不平衡量：

$$U_n=U_n^{(0)}+\sum_{j=1}^{J}U_n^{(T)}(Z_j) \tag{9-46}$$

令其为零，即：

$$U_n=0 \tag{9-47}$$

模态平衡的基本方法：

A. 运行到第一临界，通过第 0 次加重确定 $U_1^{(0)}$

加平衡量：$W^{(1)}(Z_1)$ 使 $U_1^{(1)}=0$

B. 运行到第 2 临界，确定 $U_2^{(1)}$ 加平衡量 $W^{(2)}(Z_1)\,W^{(2)}(Z_2)$，使 $U_1^{(2)}=0$，$U_2^{(2)}=0\cdots$，

运行到第 n 阶临界，确定 $U_n^{(n-1)}$ 加平衡量 $W^{(n)}(Z_1)\cdots W^{(n)}(Z_n)$，使 $U_1^{(n)}$，$U_2^{(n)}\cdots U_n^{(n)}=0$。由方程（9-41）、（9-45）至（9-47）则有，对第 n 次平衡：

$$\begin{bmatrix} R_1(Z_1) & R_1(Z_2) & \cdots & R_1(Z_n) \\ R_2(Z_1) & R_2(Z_2) & \cdots & R_2(Z_n) \\ \cdots & \cdots & \cdots & \cdots \\ R_n(Z_1) & R_n(Z_2) & \cdots & R_n(Z_n) \end{bmatrix} \begin{bmatrix} W^{(n)}(Z_1) \\ W^{(n)}(Z_2) \\ \cdots \\ W^{(n)}(Z_n) \end{bmatrix} = \begin{bmatrix} 0 \\ \cdots \\ 0 \\ -\int_0^L U^{(0)}(Z)\,R_n(Z)\,dZ \end{bmatrix}$$

平衡过程中需要注意的方面有：

（1）平衡一般在临界转速附近进行；

（2）校正质量尽可能选在本阶腹点、同时又是其他阶的节点的地方；

（3）一般平衡至工作转速以下阶即可，有时也会平衡到高 1-2 阶（$N<3$）。

9.3.4 平衡的精度等级

国际标准化组织（ISO）于 1940 年制定了世界公认的 ISO1940 平衡精度等级，它将转子平衡等级分为 11 个级别，每个级别间以 2.5 倍为增量，从要求最高的 G0.4 到要求最低的 G4000。单位为公克×毫米/公斤（gmm/kg），代表不平衡对于转子轴心的偏心距离。

表 9-4　平衡的精度等级

平衡等级	典型转子举例
G4000	具有单数个气缸的刚性安装的低速船用柴油机的曲轴驱动件
G1600	刚性安装的大型二冲程发动机的曲轴驱动件
G630	刚性安装的大型四冲程发动机的曲轴驱动件，弹性安装的船用柴油机的曲轴驱动件
G250	刚性安装的高速四缸柴油机的曲轴驱动件
G100	六缸和多缸高速柴油机的曲轴传动件；汽车、货车和机车用的发动机整机
G40	汽车车轮、轮毂、车轮整体、传动轴，弹性安装的六缸和多缸高速四冲程发动机的曲轴驱动件
G16	特殊要求的驱动轴（螺旋桨、万向节传动轴）；粉碎机的零件；农业机械的零件；汽车发动机的个别零件；特殊要求的六缸和多缸发动机的曲轴驱动件
G6.3	商船、海轮的主涡轮机的齿轮；高速分离机的鼓轮；风扇；航空燃气涡轮机的转子部件；泵的叶轮；机床及一般机器零件；普通电机转子；特殊要求的发动机的个别零件
G2.5	燃气和蒸汽涡轮；机床驱动件；特殊要求的中型和大型电机转子；小电机转子；涡轮泵
G1	磁带录音机及电唱机、CD、DVD 的驱动件；磨床驱动件；特殊要求的小型电枢
G0.4	精密磨床的主轴；电机转子；陀螺仪

下面给出一个不平衡量的计算举例。

允许不平衡量的计算公式为：

$$m_p = MG\frac{60}{2\pi rn}\times 10^3(\mathrm{g}) \tag{9-48}$$

式中：m_p——允许不平衡量，g；

M——转子自身重量，kg；

G——转子平衡精度等级，mm/s；

r——转子校正半径，mm；

n——转子转速，r/min。

算例如下：

如一个电机转子的平衡精度要求为 G6.3 级，转子的重量为 0.2 kg，转子转速为 1 000 r/min，校正半径为 20 mm，则该转子的允许不平衡质量为：

$$m_p = 0.2 \times 6.3 \times \frac{60}{2\pi \times 20 \times 1\,000} \times 10^3 = 0.6(\mathrm{g}) \tag{9-49}$$

因电机转子一般都是双平面校正平衡，故分配到每个面的允许不平衡质量为 0.3 g。

在实际工程领域中，在选择平衡机之前，应首先考虑转子所要求的平衡精度等级。

9.4　模态测量试验

模态试验是通过对给定转子进行激励，获得转子系统各部位振动数据，对试验数据进行处理和分析，得到结构的模态参数（一般是模态频率，模态阻尼和模态振型）的过程。模态测试一般只能在转子非旋转条件下进行。

一般转子系统可离散为一种具有 N 个自由度的线弹性系统，其运动微分方程为：

$$[M]\{\ddot{x}\} + [C]\{\dot{x}\} + [K]\{x\} = \{f(t)\} \tag{9-50}$$

式中质量、阻尼、刚度矩阵 $[M]$、$[C]$、$[K]$ 为实对称矩阵，$[M]$ 正定，$[K]$、$[C]$ 正定或半正定。$[M]$、$[C]$、$[K]$ 已知时，可求得一定激励 $\{f(t)\}$ 下的结构响应 $\{x(t)\}$，方程式（9-50）两端经付氏变换，可得：

$$(j\omega)^2[M]\{x(\omega)\} + j\omega[C]\{x(\omega)\} + [K]\{x(\omega)\} = \{F(\omega)\} \tag{9-51}$$

$F(\omega)$，$X(\omega)$ 分别为激振力 $\{f(t)\}$ 和位移响应向量 $\{x(t)\}$ 的付氏变换：

$$F(\omega) = \int_{-\infty}^{+\infty} f(t)\mathrm{e}^{-j\omega t}\mathrm{d}t \tag{9-52}$$

$$X(\omega) = \int_{-\infty}^{+\infty} x(t)\mathrm{e}^{-j\omega t}\mathrm{d}t \tag{9-53}$$

令

$$[H(\omega)] = (-\omega^2[M] + j\omega[C] + [K])^{-1} \tag{9-54}$$

则式（9-51）可简化为：

$$\{X(\omega)\} = [H(\omega)]\{F(\omega)\} \tag{9-55}$$

$H(\omega)$ 为传递函数矩阵。

对转子系统 p 点进行激励并在 l 点测响应，可得传递函数矩阵中第 p 行 l 列元素为：

$$H_{lp}(\omega) = \sum_{i=1}^{n} \frac{\varphi_{li}\varphi_{pi}}{-\omega^2 M_i + j\omega C_i + K_i} \tag{9-56}$$

式中 φ_{li}，第 i 阶模态振型在 l 点的值，从而对转子结构上一点激振，多点测量其响应即可得到传递函数矩阵的某一列，进而计算出模态参数。

我们对于某一复合材料薄壁圆管转子进行模态试验，结果如下：

采用了锤击激励的模态试验方法，即把固定传感器作为响应点也就是参考点，而移动激励力锤对每个布置在复合材料转子上的测点进行敲击的方法，然后对力信号和振动响应信号进行传递函数分析，建立频响函数矩阵，通过模态拟合方法对该矩阵进行分解计算，最后归一化处理，得到复合材料转子的模态频率，模态阻尼和模态振型。

1）力锤的选取

一般力锤配有四种锤头，分别为橡胶头/尼龙头/铝头/钢头。这里橡胶头对中低频段的信号能进行有效的激励，可以满足 1 000 Hz 以内频段的要求，符合测试要求。

2）传感器的选取

由于复合材料管属于轻质材料，尤其是局部质量更小，所以超轻质（0.4 g）加速度传感器，可以把附加质量对复合材料圆管的影响降到最低；另外，该型号传感器的频响范围为 2~9 000 Hz，符合 1 000 Hz 以内所关心频率范围的要求。

3）测点的选取

结合该复合材料管的几何尺寸和测试要求，将该复合材料圆管等分成 21 个测量截面，即 20 等分，每个截面沿圆周均布 16 个测点，这样共 336 个测点。如图 9-27 所示。

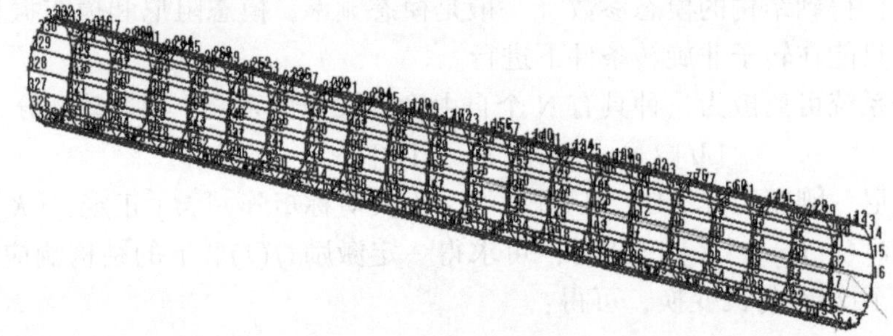

图 9-27　测点分布图

4）参考点的选取

薄壁圆筒在结构上属于对称结构，结合本次模态试验的实际情况，将第 81 个测点做为参考点，也就是加速度传感器的固定位置点。原因是该点不是任何一阶模态振型的节点(不动点)。

5）测量方向的选取

根据该复合材料管的几何尺寸，判断为该复合材料管的中低频段的振动方向为径向，所以将传感器沿着径向布置，力锤沿着每个测点的法（径）向进行锤击，如图 9-28 中红色箭头所示。

6）边界条件的选取

试验要求测试工况应为该圆管的自由状态，采用了两根弹性适中的柔力绳将该复合材料管悬挂起，以模拟自由悬空状态。

7）试验过程

将加速度传感器和力锤接入信号采集仪，检查软件运行正常，检查测试系统信号正常。然后正式开始试验，从第一个测点开始沿径向依次敲击，每个测点敲击三次。每敲击一次后都对所采集的信号是否正常进行了检查，不符合要求的，重新进行了测量。每个测点敲击三次的目的有两个，一是防止力锤敲击力度不当，造成测量误差，多次敲击后再平均计算能减少测量误差；二是评价传递函数的一个重要指标相干函数（或相干系数）是一个平均计算值，必须要多次数据才能计算求得。

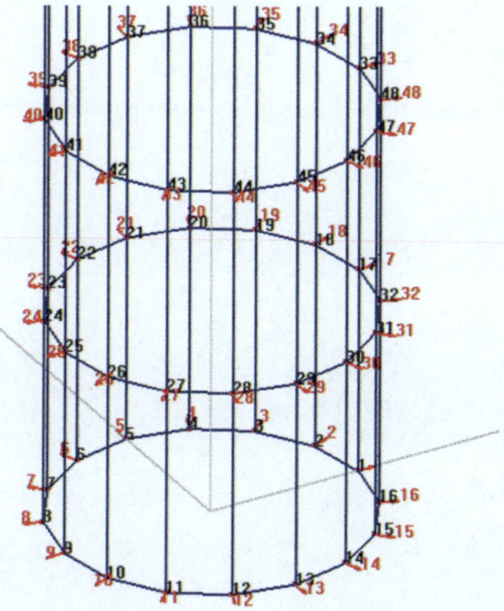

图 9-28　测点和顺序

8）试验结果

该复合材料管的模态分析结果如表 9-5 所示。

表 9-5　复合材料管模态参数列表

阶数	频率/Hz	阻尼/%	振型	阶数	频率/Hz	阻尼/%	振型
1	60.820 2	1.05	一阶弯曲	7	374.605	0.211	四阶呼吸
2	166.231 1	0.887	二阶弯曲	8	418.957	0.318	五阶呼吸
3	316.812 3	0.973	三阶弯曲	9	488.432	0.345	六阶呼吸
4	338.132 9	0.198	一阶呼吸	10	503.881	0.981	四阶弯曲
5	340.040 4	0.103	二阶呼吸	11	579.691	0.345	七阶呼吸
6	349.610 8	0.134	三阶呼吸	12	686.014	0.477	八阶呼吸

参考文献

[1] 钟一谔，何衍宗，王正，等. 转子动力学 [M]. 北京：清华大学出版社，1987.
[2] 李方泽，等. 工程振动测试与分析 [M]. 北京：高等教育出版社，1992.
[3] R. S Figliola, D E Beasley. Theory and design for mechanical measurements [J]. John Wiley&sons, 1991.